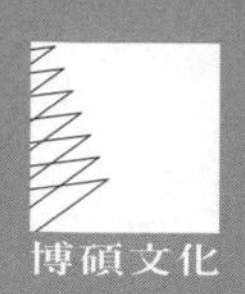
博碩文化

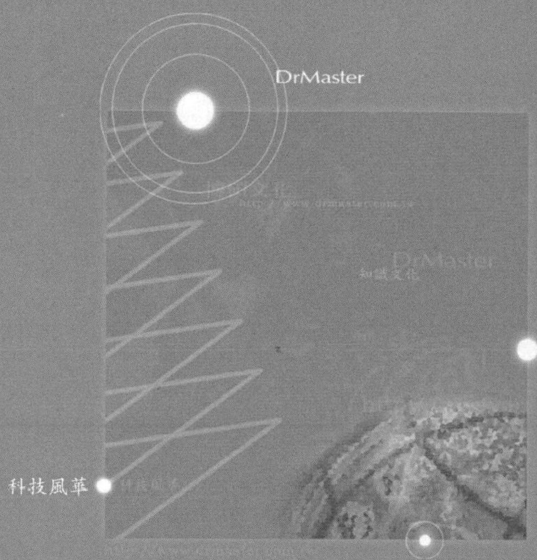
DrMaster
知識文化
科技風華
深度學習資訊新領域

數位神探系列

資安密碼隱形帝國

數位鑑識學院尋探之旅

王旭正、吳欣儒、闕于閎 著

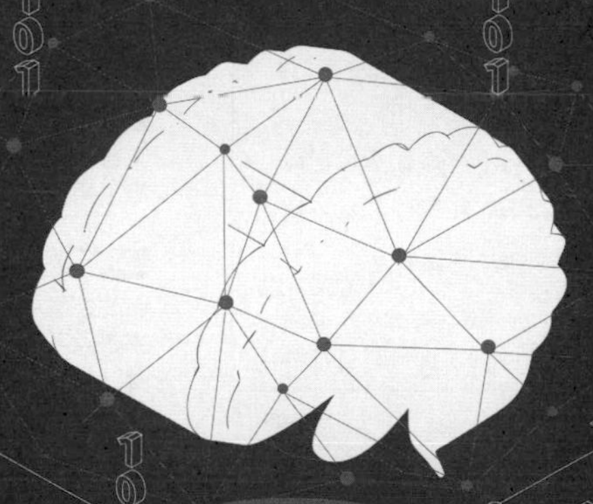

作　　者：王旭正、吳欣儒、闕于閎 著
責任編輯：賴彥穎

董 事 長：陳來勝
總 編 輯：陳錦輝

出　　版：博碩文化股份有限公司
地　　址：221 新北市汐止區新台五路一段 112 號 10 樓 A 棟
電話 (02) 2696-2869 傳真 (02) 2696-2867

發　　行：博碩文化股份有限公司
郵撥帳號：17484299　戶名：博碩文化股份有限公司
博碩網站：http://www.drmaster.com.tw
讀者服務信箱：dr26962869@gmail.com
訂購服務專線：(02) 2696-2869 分機 238、519
（週一至週五 09:30 ～ 12:00；13:30 ～ 17:00）

版　　次：2022 年 9 月初版一刷

建議零售價：新台幣 500 元
I S B N：978-626-333-286-7
律師顧問：鳴權法律事務所 陳曉鳴律師

本書如有破損或裝訂錯誤，請寄回本公司更換

國家圖書館出版品預行編目資料

隱形帝國：數位鑑識學院尋探之旅 / 王旭正，
吳欣儒，闕于閎著 . -- 初版 . -- 新北市：博
碩文化股份有限公司，2022.09

面；　公分. -- (數位神探系列. 資安密碼)

ISBN 978-626-333-286-7(平裝)

1.CST: 資訊安全 2.CST: 網路安全
3.CST: 通俗作品

312.76　　111015401

Printed in Taiwan

博 碩 粉 絲 團

歡迎團體訂購，另有優惠，請洽服務專線
(02) 2696-2869 分機 238、519

本書 - 資安密碼 - 隱形帝國：數位鑑識學院尋探之旅。在本書中，由一名資安新生角色進入佛倫鉅鎖 - 資安 & 鑑識學院，隨著主角一起進入資安密碼、數位鑑識的世界。

新科技 5G 及 Web 3.0 時代的來臨，資訊科技與網際網路的運用，使得人們生活的方式有重大轉變，無所不在的 IT 運用是機會也伴隨著風險，面對新興資訊科技的犯罪模式不斷推陳出新，了解數位鑑識及資訊安全技術，才能有效應對及偵辦新型態犯罪案件。

本書《資安密碼 - 隱形帝國：數位鑑識學院尋探之旅》，以一位資安新手加入資安 & 鑑識學院，探索資安 - 密碼 - 鑑識主題之旅，透過師生間詼諧互動，闡述各種資訊科技領域的資安 & 鑑識知識、技術及應用，內容豐富有趣，角色鮮明，讀者在閱讀小說的同時，也汲取了專業知識，同時兼顧娛樂及學習兩大特點

本書做為「數位神探」系列叢書，我覺得可以推薦給想深入了解目前最新資安 & 鑑識研究領域，提昇數位偵探技巧的有志之士，或是對目前物聯網、無人機、區塊鏈等新興資訊科技應用的使用者，從資安的角度，認識可能遭遇的風險及可採取的防護措施。

序

本書章節的編撰，是來自中央警察大學情資安全與鑑識科學實驗室（ICCL &SECFORENSICS）之所有成員腦力激盪的成果彙集。在群策群力、積極規劃與共同合作下終得呈現給讀者，其中特別感謝與故事人物有關的 ESAM- 陳依敏、ICCL &SECFORENSICS- 陳奕蒼、葉展嘉、鄭宇邦、田劭平、柯宏叡、江長柏、黃彥哲、翁浩宇、王冠渝的熱情串演，使得本書得以融入生活中發生的點滴，也深刻反應科技帶給人們便利生活之餘所造成的省思與衝擊。本書的編輯過程為能與生活 - 科技結合，至最後完稿已醞釀與討論多年，今得以順利出版，藉此對出版編輯 & 主管決策長官等支持與我的研究群所有人員的努力 / 演出表達深摯的感謝。在文章的編撰與校稿過程中，難免會有些遺漏與疏失，望請各位先進與前輩能不吝指出須改善的地方。

FROG-ICCL&SECFORENSICS
情資安全與鑑識科學實驗室
https://www.secforensics.org/
王旭正、吳欣儒、闕于閎 謹識
SEPT. 2022

作者簡介

王旭正 Shiuh Jeng WANG

國立台灣大學電機工程學博士。現任中央警察大學資訊系教授。研究領域為資安分析、資訊鑑識與數位證據、資訊安全與管理、密碼學。目前亦為社團法人台灣 E 化資安分析管理協會（ESAM，https://www.esam.io/）理事長（ESAM，https://www.esam.io/wang/）。

作者是情資安全與鑑識科學實驗室（Intelligence and SECurity FORENSICS Lab.，簡稱 SECFORENSICS，https://www.secforensics.org/)、資訊密碼與建構實驗室（Information Cryptology and Construction Lab.，簡稱 ICCL）主持教授，帶領研究團隊，自 2007 開始至今定期為資訊科技類雜誌，如《網管人》雜誌撰寫技術專欄，2021 開始為法務部調查局撰寫資安生活科技專欄 https://www.mjib.gov.tw/eBooks 。

作者多次以國際訪問學者身分至美國各大學進行學術研究工作。作者亦經歷資訊安全學會副理事長（2012-2015），與常務理事（2018-until）。著有十餘本數位資訊著作，包含《資訊生活安全，行動智慧應用與網駭實務》、《數位神探 - 現代福爾摩斯的科技辦案：10 個犯罪現場偵蒐事件簿》、《數位鑑識 -e 科技資安分析與關鍵證據》、《數位多媒體技術與應用 -Python

實務》、《數位與醫學影像處理技術：Python 實務》等相關專書。並審校《巨量資料安全技術與應用》、《雲端運算安全技術與應用》等資安新趨勢與應用書籍。此外並撰寫 / 著述科普讀物《認識密碼學的第一本書》（中國大陸簡體版《給祕密加把鎖》，西苑出版社）。

吳欣儒 Sin-Ru Wu

國立中央大學資訊管理系。中央警察大學資訊管理碩士。曾任職於屏東縣警局刑事警察大隊科技犯罪偵查隊。現任職於高雄市警察刑事警察大隊科技犯罪偵查隊。研究興趣為資訊安全、數位鑑識、數位鑑識、科技犯罪偵查。目前為社團法人台灣 E 化資安分析管理協會 (ESAM) 資安人才培育 -ELITE 智庫。

闕于閎 Yu-Hong Que

中央警察大學資訊管理系。國立中央大學資訊工程碩士。現任職於內政部警政署資訊室，負責警政相關資訊系統開發及維護工作。研究興趣為資訊安全、數位鑑識、視覺密碼、影像處理與多媒體應用。目前為社團法人台灣 E 化資安分析管理協會 (ESAM) 講座。

推薦序

隨著社會走向資訊化時代，所有人都能快速便捷地吸收、使用各項資訊，但隨之產生的是資訊安全的議題，從金管會宣布為強化公司資訊安全管理機制，上市櫃公司設立資訊安全單位，並於 2022 年底前設立資訊安全單位，同時需指派資訊安全長、日本修法通過增設網路警察局均可看出資訊安全議題日漸重要且已達到大部分人需具備基礎資訊安全知識的時代。

本書主角由一名新生角色進入佛倫鉅鎖 - 資安 & 鑑識學院，帶著讀者從簡易的密碼學、資安漏洞慢慢往最新穎的洋蔥路由、暗網、無人機、物聯網、區塊鍊、人臉辨識學習，並帶讀著了解成為「數位神探」所必須知道的資安密碼、數位鑑識、數位證據等知識。

本書以故事、圖例讓讀者彷彿也身入其境，成為一名資安 & 鑑識學院的學生，由淺入深帶領讀者進入資訊安全、數位鑑識的世界，讓毫無相關資訊背景的人，也能跟著主角的腳步，慢慢從資安 & 鑑識學院成長為一名數位神探。對於生活在資訊化時代的你，已身處大數據、5G、雲計算、人工智能及行動支付等虛實兼容的生態中，必須先有充分的「資訊安全」保障，才能發揮「資訊運用」的美意，本書將會是我推薦給你，能夠帶著你了解資訊安全的首選書之一。

蘇志強

中央警察大學副校長、教授、博士

數位神探二：是一本光看目錄，就讓人迫不及待想要閱讀的好書。作者由有學界資電領域才子之稱的王旭正教授與其團隊執筆。在數位神探系列的「資安密碼 - 隱形帝國：數位鑑識學院尋探之旅」中，王教授仍保持將高深的知識，以誘人易懂的方式陳述出來的功力，將不同的重要資安議題、資安觀念、入侵手段、及防禦方法以生動的故事展開，接者以深入淺出的方法將複雜的攻擊原理以易於明白了解的方式介紹出來，同時呈現出電腦系統攻擊者的目標與造成的損失，及提出有效的防禦建議。這是一本介紹資訊安全的書，而資訊安全是現今科技領域中非常重要的一環，但在書中你卻可感受到佛倫鉅鎖 - 現代魔法學校的魔法魅力與學習互動，福爾摩斯抽絲剝繭，巨細靡遺的分析推測，終極警探打擊智慧犯罪的鬥智鬥力，及駭客任務中的未來與科技。如果你想知道資訊安全是什麼？如果你想培養孩子對資訊安全的興趣？如果你想知道如何保護你設備抵抗一些常見的駭客攻擊？「數位神探二」，將是您不可錯過的選擇。

許富皓

國立中央大學資訊工程系、教授、博士

教書多年，看到許多年輕的學子對於資訊安全充滿了學習的嚮往，卻常苦無入門管道。市面上許多的書，有得過於艱深，數學公式太複雜或是程序指令難以理解，往往嚇跑了一些想要入門的初學者。而有的書則是過於簡化，讀完之後無法滿足熱切的求知慾。但學習資安一定是如此嗎？我在這本書上看到了轉變與希望。

書中把許多的資安知識，融合在一連串令人驚奇的故事當中。在這曲折的鬥法鬥智的過程當中，娓娓道出資安危機與轉機。從密碼管理、洋蔥網路、電郵安全、無人機與數位鑑識等一直談到人臉辨識與區塊鏈，包羅萬象。精彩的故事、活潑而充滿懸疑的劇情相當吸引目光，深入去看每一個知識環節，又能深入描繪而讓人如獲至寶，拍案叫絕。相信對於初次接觸資訊安全的學生，或是已是深入鑽研其中的專家學者，都會被這樣的鋪陳所深深打動。從故事中接收觀念、學得知識，一切都是那麼自然而高效。

在這資訊應用快速發展中，人人都應該具備危機意識。你應該也會常常聽到駭客攻防與網路資訊戰的各式情節。當你接觸到了人工智慧、5G 行動網路、網路犯罪以及詐騙等議題，你會對於如何保護資料安全及個人隱私充滿疑慮。那你還等什麼呢？向你推薦這樣一本充滿美意且內容豐富飽滿的「資安書」，我一定也會在我的書櫃中放上一本。

王智弘

國立嘉義大學資訊工程系、教授、博士

角色介紹

佛倫鉅鎖：資安密碼－現代資安科技帝國大學。

伊森：認真好學的學生，天資聰穎，不過有點急性子，急於學習更多的知識，有時會造成老師不耐煩。進入佛倫鉅鎖後和身邊的同學及師長開啟了一段驚奇的旅程。

柯邦：伊森的好朋友，個性十分幽默開朗，是大家的開心果。他和伊森進入佛倫鉅鎖後彼此相識，有時他很想鞭策自己一把，但常常被電動吸引，或常常被瞌睡蟲召喚前去夢周公。

賴嘉：他和伊森、柯邦是好同學，他的資質也很不錯，常常一點就通。他的個性帶點臭屁，還很喜歡虧同學。他在同學眼裡是個風流倜儻、拈花惹草、感情經歷豐富的人。

田小班：他和伊森、柯邦、賴嘉在佛倫鉅鎖相遇，他的資訊基礎也很不錯，能夠舉一反三。他一開始是個害羞、沒自信的同學，但隨著跟同學們越來越熟，性格也逐漸開放。

艾希教授：佛倫鉅鎖裡面的教授，他的資訊能力是佛倫鉅鎖裡面數一數二的高手，各種鑑識、資訊安全的議題都難不倒他。有著神祕的第六感預知力，個性好喜自在無束、沈思時不喜歡學生去煩他，但他都會不辭辛勞的幫同學解決問題。

安潔教授：佛倫鉅鎖裡面的教授，有時會有點活在自己世界，做出一些不符合她形象的動作，學生們跟她的關係很好，因為她很好相處，也很熱心。

易杉校長：佛倫鉅鎖裡的大家長，因為校長校務繁忙，因此很少與同學們有交集，即便如此，他對於今日資安漏洞及各種安全措施也非常在行。

駭客魔：佛倫鉅鎖潛在的威脅，他和佛倫鉅鎖有著很深的關係。

喬安：伊森一行人的死對頭，他和駭客魔似乎有著不可分割的關係。

目錄

1

CHAPTER

初探資安密碼的世界

這天，伊森起了個大早，他拿起床頭邊的眼鏡後，興奮的跳下了床，他站在鏡子前面看著自己，嘴角的笑容怎麼也藏不住，在快速換完衣服之後，他一把抓著行李就往樓下跑，因為今天是個特別的日子，他要去「佛倫鉅鎖 資安&鑑識（Security & Forensics，簡稱 Secforensics）學院」報到了。

捷運站的等待列車駛入，伊森拿起手機刷著社群網站上的留言，興奮地和周圍的朋友們分享著入學的喜訊，這時突然跳出來一則通知 -“有人嘗試從其他裝置登入您的帳號”

伊森一臉疑惑，回想著他並沒有在其他裝置上登入過臉書（FB, Facebook）啊！好奇地點開一看。

「登入位置在美國？該不會我的帳號要被盜了吧！」他心想。

這時，伊森身後一位穿著斗篷黑色大衣的高大神秘男子察覺到他的異狀，湊上前關心。

「遇到什麼問題了嗎？」神秘男子問道。

「好……好像有壞人要嘗試登入我的臉書帳號，我該怎麼辦……？」伊森緊張的說道。

「別急，他還沒登入成功，我們稍後到學院再處理。」神秘男子說道。

伊森緊張的神情中透露出一絲懷疑，他心想：「這個人是誰啊？他怎麼知道我要去學院……？」百感交集的他搭上了捷運，準備前往傳說中的佛倫鉅鎖「Secforensics」學院報到。

抵達佛倫鉅鎖後，一名助教領著伊森與一群新生前往一間空教室，沿途伊森發現走廊上貼著好多海報，上頭有著金鑰、簽章、駭客、病毒、鑑識……等等醒目的標題。

「這些就是『Secforensics』學院的專業嗎？看來要學習的地方還有很多。」伊森心想。

懷著好奇及期待心情的伊森進入教室後，立馬找了一個最佳的學習位置坐下，此時，講臺上 已站著一名高大的男子，伊森定睛一看，居然是剛在捷運站遇到的神秘男子，男子和伊森四目交接後，露出一個看透一切的微笑。

「原來是『Secforensics』學院的教授呀，剛剛白擔心了。」伊森此時終於恍然大悟道。

神秘男子說：「大家好，我是佛倫鉅鎖的授課教授，你們可稱呼我艾希。」

「第一堂課來聊點輕鬆的吧，大家手上應該都有很多組所謂的“帳號”吧！像是社群網站、通訊軟體、應用程式軟體……等等都需要一組帳號代表你，而每個帳號都會對應到一組密碼，而對於如設定一組安全的密碼各位有概念嗎？」艾希教授問道。

伊森和其他同學都露出了疑惑的表情，搖搖頭表示沒有概念。

艾希教授這時靈機一動問道：「你們的密碼都是什麼呢？」

艾希教授的問題引起了臺下學生們興趣，許多人搶著回答。

一名學生說道：「我們家『Wi-Fi』的密碼和我手機熱點（Hot Spot）的密碼都是 "123456789" ！」

幾名學生跟著附議，接著另一名學生說道：「我們家網路的密碼好像都是預設的，應該是 "password" 的樣子！」

此時，教室裡的學生們都開始討論著自己的密碼是什麼。

艾希聽了學生們的答案後噗嗤一笑，接著告訴學生們說：「你們所用的這些密碼都是榮登安全性最低的密碼唷！」

底下的學生開始竊竊私語，有些人很驚訝自己密碼的安全度竟然這麼低，讓自己暴露在這樣的風險之中。

艾希教授接著說道：「另外把密碼設為 "111111111" 或 "00000000" 或是自己的出生年月日、電話號碼，其實都非常有風險呢！」

艾希教授又說道：「如果想要建立安全度密碼有一些撇步喔！像是至少包含一個英文小寫字母、一個英文大寫字母、一個數字、一個特殊符號，例如標點符號或是 @#|>* 等字元唷。還有啊，密碼至少要 8 個字元或是字典所找不到的字以上才夠安全，最好是沒有任何意義的組成。同時，所設定的密碼最好不要與個人資料有關，例如英文姓名加上出生年月日，或是直接使用身分證字號的密碼，都很容易會被有心的駭客破解。儘管這套規則的實行與宣導已超過 10 年以上，然而還是好多人未遵守規則。」

學生們都微微的點點頭，表示理解。不過好奇的伊森忍不住發問：「教授，那……記不住要怎麼辦呢？」這時旁邊有同學嘲笑這個開始愚蠢的問題，這讓伊森羞愧的低下了頭。

這時艾希教授說：「大家不要笑，這是一個很現實的問題喔！而且這個問題問得很好。」

教授的這番話安撫了伊森，伊森又抬起了頭繼續聽教授說著。

教授接續說道：「不少使用者為了記下密碼，就是將這些密碼訊息寫在筆記本內，或甚至像電影《一級玩家》的執行長將密碼用便條紙貼在座位旁，如此不僅有遺失的風險，被盜用的機率更是極高。更進一步的做法是記錄在電腦中的文字檔、Excel 檔等，然而這種方式還是有外洩的風險，尤其是密碼多是明文方式儲存，使用者在查找密碼時，有心人從使用者背後就能直接看到密碼。因此，需要更好的記錄密碼方式，那就是使用密碼管理軟體來協助記錄與使用密碼。」

台下學生們眼睛為之一亮，紛紛低語著「密碼管理器？聽起來好酷！」

艾希教授接著介紹道：「密碼管理軟體相當於把所有的密碼鎖在一個保險櫃裡，只要記住一組保險櫃的密碼就可以查到其他組的密碼，其弱點則是保險櫃的密碼如果被破解的話，則所有的密碼將會因此暴露。但是，只要使用者採用的主要密碼是屬於高強度的隨機密碼，那麼只要這個密碼保管好，就能夠同時保護好其他密碼的安全。」

台下學生無不驚訝的說：「居然還有密碼管理軟體這個好用的東西！真是長知識了。」

坐在伊森一旁的紅髮男孩柯邦也瞬時眼睛發亮，問教授：「那有什麼軟體嗎？我的金魚腦急需被拯救。」

伊森噗嗤了笑了出來，心想這個男孩真是有趣，教授也咯咯的笑著，並回答道：「大家有聽過『KeePass』嗎？」

大家都搖搖頭，教授就說：「這就是一個管理密碼的軟體唷！」

大家都睜大眼睛看著艾希教授，教授接著介紹，並撥放投影片給大家看：「喏，這個軟體有這些特質喔！」

艾希教授接著請伊森朗讀一下投影片上「KeePass」（Keepass Password Safe 的簡稱）的介紹。

「『KeePass』是開放原始碼軟體，它以一組隨機產生的主密碼保護資料，而且其主密碼還可以採用密碼加密鑰文件的方式，就將加密鑰文存到 USB 隨身碟或是另外的儲存媒體中。『KeePass』的檔案以當今最先進的加密演算法 AES（Advance Encryption Standard）進行加密。」伊森朗讀道。

這時，艾希教授發現柯邦的眼皮越來越重，提高音調說道：「金魚腦有辦法可以靠技術解決，但是懶惰是沒藥醫的喔！」這番話試圖暗示柯邦趕緊清醒過來。

教授接著請柯邦唸出密碼管理器的其他特性，柯邦揉了揉眼睛盯著投影片繼續說：「『KeePass』資料庫中儲存的密碼可以分類管理，並自動排除已使用過的密碼。『KeePass』可以輸出成多種格式，包括 TXT，HTML，XML 及 CSV 等不同的檔案。程式提供數種不同的輸入方法，以方便輸入帳號及密碼。『KeePass』中的密碼，可用拖曳的方式直接輸入至網頁或其他的任何視窗中，並且還可以設定成自動輸入。程式還提供其他的功能，包括密碼產生器、密碼品質測試、自動上鎖、資料庫搜尋、匯入及匯出資料庫等等。」

艾希教授對於柯邦如同唸經般讀著投影片上的文字感到不耐，於是打斷了柯邦，並說道：「謝謝柯邦，剩下就由我來介紹吧。」

「『KeePass』同時支援外掛，允許經由許多其他的外掛程式擴充功能。大家看看投影片上的程式畫面吧！『KeePass』類似一個管理資料庫的軟體，程式啟動以後就會像投影片上的圖一樣。啟動後可先建立自己的密碼資料庫，並建立及記住如何開啟這個資料庫的最重要『一組』密碼即可，或者與目前的 Windows 帳號綁定，建立的畫面就像這樣。」艾希教授一邊說明一邊熟練著演示軟體的操作方法。

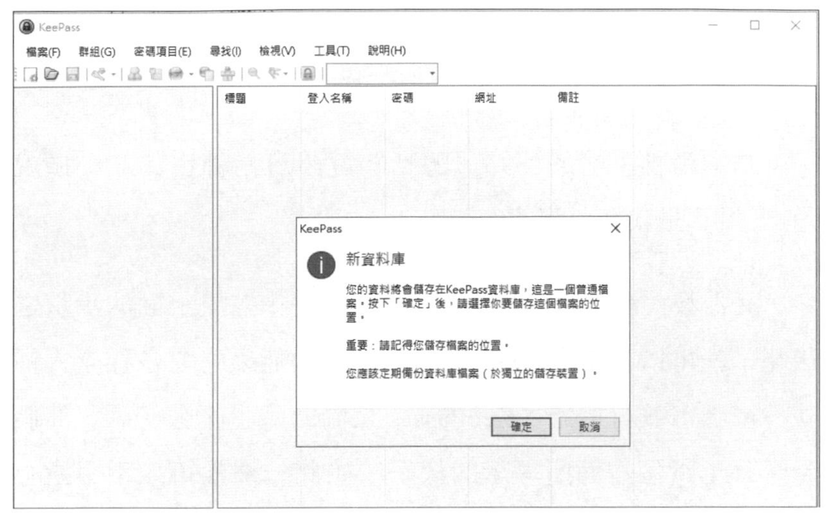

▲「KeePass」的執行畫面

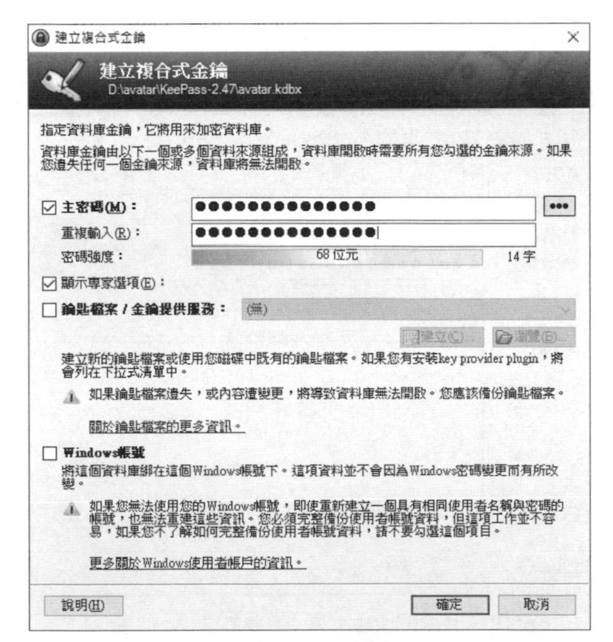

▲以「KeePass」建立密碼資料庫的畫面

伊森這時昂首說道：「哇！那這樣只要記一組密碼就可以一勞永逸了耶！」

原本精神不濟的柯邦，聽到關鍵訊息精神也為之一振說道：「這真是我金魚腦的福音呀！」

艾希教授說：「沒錯！超方便的對吧！完成上面的步驟之後呢，就可以利用「KeePass」提供的功能來建立各種登入帳號與密碼，並可透過「KeePass」來協助產生亂數密碼，你們看螢幕上這個畫面所顯示的樣子，如此一來就可以不用擔心記不住這些複雜密碼了。」

▲以「KeePass」新增帳號與密碼資料

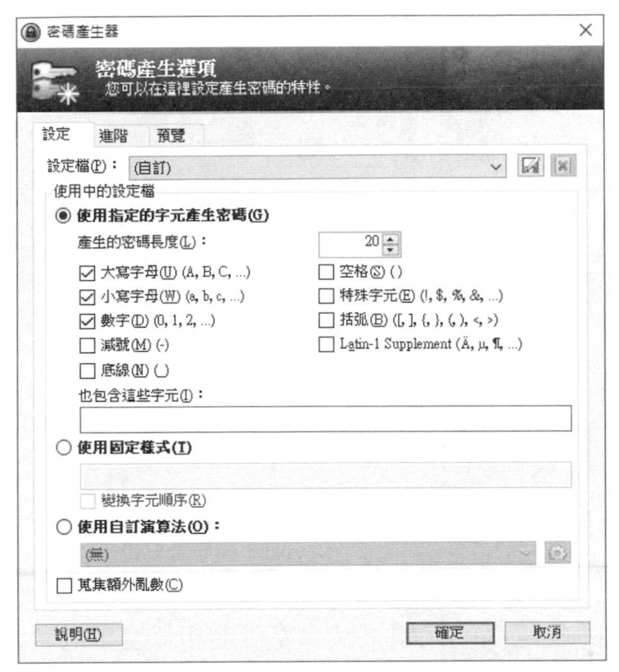

▲使用「KeePass」產生亂數密碼

台下已經有學生開始拿出自己的筆電跟著一起操作了，艾希教授看了十分欣慰，心想：「這些學生真是好學！」

艾希教授接著說道：「用『KeePass』的優點之一，就是當需要取用這些密碼時，不用再開啟原本的設定畫面，而是直接在對應的項目上按滑鼠右鍵取用登入帳號或密碼，若有先指定要輸入的頁面欄位也可以執行自動輸入。因此，即使身邊還有其他人在，也能避免密碼外洩的問題發生。」

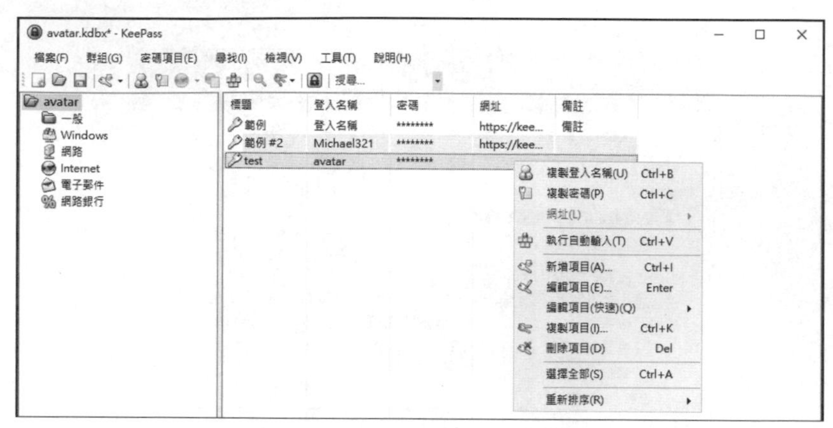

▲使用「KeePass」複製密碼使用

「此外，可以透過『KeePass』對於密碼強度的檢驗，評估自身的密碼是否足夠安全，並可針對資料庫中的密碼來檢測是否有相似度過高的問題。減少密碼的相似度可避免當某一密碼不小心外洩時，也不致於被有心人猜測出其他組的密碼。」

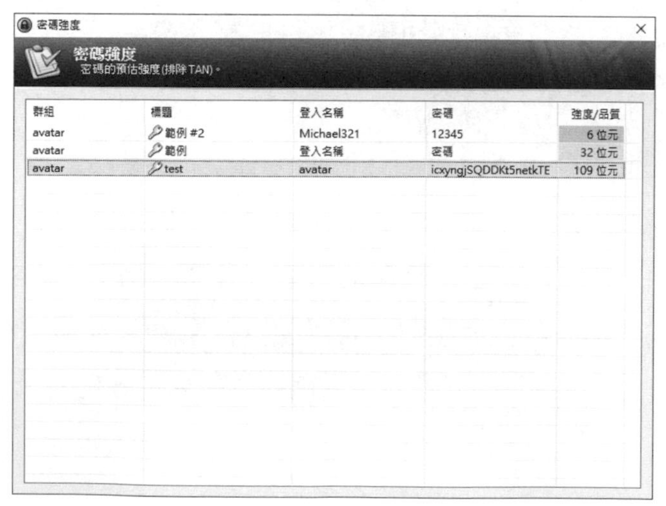

▲「KeePass」對密碼的預估強度

▲「KeePass」可找出相似的密碼

「哇……」伊森、柯邦和其他同學都聽的十分入迷，嘴巴甚至微微張開表示驚奇。

艾希教授進一步說道：「除了『KeePass』外，還有不少『KeePass』的衍生軟體，如『KeePassXC』，除了 Windows 版本外，還提供 Linux 與 Mac OS X 的版本。此外，還有像是『Bitwarden』也是備受好評的密碼管理軟體。」

柯邦舉手問道：「那這樣密碼管理器就一定沒有漏洞，或是可以百分之百相信嗎？」

伊森喃喃自語道：「應該不能完全信任吧……」

艾希教授說：「這個問題太棒了，身為資訊人員要知道，沒有十全十美的防禦機制或是絕對安全的東西，所以不能因為使用了密碼管理軟體，就百分百相信絕對安全。在 2015 年時，一名安全研究人員就發現在『KeePass 2.28』、2.29 與 2.30 版時，可透過 "DLL" 注入的方式，從執行中的『KeePass』中竊取儲存於記憶體中的帳號與密碼，並建立了『KeeFarce』程式來驗證確實可行。而在 2016 年 2 月時，『KeePass 2.4.1』版本被發現是透過 "http"，而不是較安全的 "https" 來連結『KeePass』伺服器進行更新，可能會因此遭受中間人攻擊（Man-in-the-middle）。到了 2019 年時，有資訊安全研究人員針對『1Password』、『Dashlane』、『KeePass』與『LastPass』等知名密碼管理軟體進行檢測，發現這些軟體確實能保障使用者的機密資訊，但還是會將一些機密訊息以明文方式留在記憶體中，若攻擊者已入侵到使用者的電腦中時，是有可能從記憶體中取得這些機密訊息。即使到最近的 2020 年時，『KeePass』還被發現可以透過刻意建立的 CSV 檔來執行任意的指令。不僅是『KeePass』，即使是『Bitwarden』或是商業軟體如『1Password』、『Lastpass』也都曾經被發現漏洞，因此使用密碼管理軟體時，還是要注意相關的更新，以避免因潛在的漏洞導致機密資訊的外洩。」

「果然如此，所以還是不能過度依賴呀！」伊森說道。

大家都很享受在艾希教授的解說之中，並且認真聆聽，伊森和柯邦也不例外，柯邦的瞌睡蟲也都不見了，精神抖擻的聽著，甚至做起了筆記。快樂的時間總是過得很快，不知不覺中就下課鐘響了，伊森和柯邦互看了一眼，柯邦開口向伊森說：「不介意的話一起走回宿舍休息吧！」伊森點點頭，露出靦腆的笑容。

抵達宿舍後，伊森和柯邦發現他們居然是室友，發現這件事的他們相視而笑，心裡都感嘆著：「嘻嘻，緣份真是神奇！」

第一天充實的佛倫鉅鎖校園生活逐漸到了尾聲，伊森和柯邦在聊天過後，便倒頭入睡，並且他們都很期待能在這所「Secforensics」學院有所長進，一起進步。

夜深了，佛倫鉅鎖被一片靜謐的月色籠罩著。

2
CHAPTER

百密必有一疏
隱形漏洞帝國

「鈴……鈴……鈴……」伊森緩緩張開惺忪的睡眼，並按掉了鬧鐘。他揉了揉眼睛坐在窗邊發呆了一會兒，然後戴上眼鏡去盥洗，他看著鏡子裡的自己，還是不敢相信自己來到了佛倫鉅鎖，一切就好像做夢一樣，好不真實。在打理好自己後，伊森和柯邦一起出發前往教室，他們一路有說有笑，好像有聊不完的話一樣，走著走著，伊森突然看到了佈告欄上貼著舊的新聞，於是他定睛一看，發現是關於 SMB 漏洞的相關報導。

2017 由 WannaCry 所引起的大規模勒索事件，其所利用的伺服器訊息區塊（Server Message Block，SMB）漏洞事實上早已存在於 Windows 系列系統長達 20 年之久，微軟自己也曾於 2016 年 9 月於官網公告強烈建議使用者停止使用 SMB 相關服務。

修復補丁則是等了半年之後才被發布，且僅提供 Vista 版本以後的作業系統更新。

面對漏洞，除了可以安裝防毒軟體與設置入侵偵測防禦系統或防火牆等來採取較被動的防禦方法之外，對於系統與軟體可能出現的各種漏洞，執行弱點掃描更能自主檢視目前所在網域的主機、伺服器或網路設備是否存在嚴重的漏洞，了解及制定後續相關的修正措施。

伊森問柯邦：「你知道 SMB 漏洞是什麼嗎？」

柯邦皺著眉頭說：「只知道他和 2017 年發生的 Wannacry 勒索病毒有關，不過具體情況不太了解……」

伊森說：「我記得我好像在 NVD（National Vulnerability Database）裡面看過這個耶！」

柯邦說：「我也有聽說過 NVD！裡面好像有一個 CVSS（Common Vulnerability Scoring System）會幫各個漏洞評分，然後公布他的危險指數。」

伊森：「沒想到柯邦知道的也不少嘛！真是深藏不露，不過我還是不知道什麼是 SMB 漏洞，你有想法嗎？」

柯邦害羞的搔了搔頭並說道：「沒有你想的這麼厲害啦，哈哈哈，不過我也不知道 SMB 漏洞是什麼，看來我們需要了解的還很多呢！」

伊森靈機一動，告訴柯邦：「那我們今天上課問教授怎麼樣？」

「好啊！」柯邦露出興奮的神情回答著。

這堂課是易杉校長負責授課，科目是網路安全。好奇的伊森一上課就向易杉校長發問關於 SMB 漏洞的報導，這讓易杉校長嚇了一跳，教授心想：「這孩子的觀察力真敏銳，而且還有求知慾望，看來不一般哪……」

關於伊森的發問，易杉校長回答道：「既然有同學發問，我們這堂課就開始從漏洞開始為大家介紹吧！」

易杉校長轉頭在黑板上寫下了一些名詞：通用弱點評價系統、弱點資料庫、弱點掃描技術、網路攻擊圖。

校長問大家：「大家對這些東西有了解嗎？」

伊森說：「有聽過，但具體內容不太了解。」易杉校長笑了一下，對於同學積極的表現感到十分欣悅，並開始一一解說：「首先，通用弱點評價系統（Common Vulnerability Scoring System，CVSS）其評價之度衡量主要可以分為基本、時間、環境等三個分類。基本度衡量反映一個不隨時間或使用者環境變化的漏洞特徵。又包含可利用性指標和與影響指標，前者反映漏洞可以被利用的簡單程度和技術手段而後者該漏洞造成的影響。」

「哦，原來這就是基本指標啊！」伊森低語著。

校長接著說：「接著介紹另外兩個衡量單位，時間度衡量反映一個隨時間變化，但不隨使用者環境變化的漏洞特徵；

環境度衡量反映一個與某個特定使用者環境相關且獨特的漏洞特徵。」

伊森說:「這些分數會分開計算嗎?還是我們會知道這三個指標的綜合值呢?」

校長回答:「對於欲評價的漏洞,使用這個系統所定義的度衡量中所細分的每個指標,一一衡量其漏洞的狀態之後,再經由一個個相對應的指標權重加乘計算,最後即可得到 CVSS 分數,這個分數的範圍會介於 0 ～ 10,而通常可以依照黑板上這個表格分數範圍來判定風險危害程度。來吧,這張表在這裡,大家看看!」

分數範圍	0	0.1-3.9	4.0-6.9	7.0-8.9	9.0-10.0
危害程度	無危害	低危害	中危害	高危害	超危害

▲ CVSS 分數範圍表

「校長,可以說說看漏洞有可能造成什麼影響嗎?」伊森問道。

易杉校長露出慈祥的神情,並說:「那我舉一個案例好了,在 2022 年有一家通訊監控的公司,他們的監視器被發現了漏洞,這個漏洞編號是 CVE-2022-27588,他的風險層級是 9.8 分哦!攻擊者可以利用這個漏洞在遠端執行任意命令呢!」。

「9.8……哇……哇喔！那真的是很嚴重的漏洞欸，滿分才 10 分他就拿了 9.8 分！」柯邦驚訝的說道。

「對呀！所以我們要定時更新軟體，避免舊的軟體存在漏洞，然後被駭客利用喔！嗯……大家有聽過零日攻擊嗎？」易杉校長問大家。

「好像有……但有點忘了。」伊森懊惱的搔搔頭。

「這個東西就是在漏洞還沒被發現之前，還可就針對這樣的漏洞進行攻擊。」校長解釋道。

伊森打了「ㄠ」個響指，表示記憶被喚醒。

台下的同學們都全神貫注的聽著，於是易杉校長接續說道：「講到這裡，我們班應該沒有人會用筆記本寫下別人惡言惡行然後記仇吧？或是對自己很嚴格，把自己所有的缺點都寫下來之類的？」

大家都面面相覷，畢竟也才來佛倫鉅鎖不久。

「天哪！我差點忘了你們才剛進來，可能連彼此叫什麼名字都還不熟悉……哈哈哈……但對於漏洞，可是要很詳細的記載哦！這個會交由特定的資料庫來進行記錄」易杉校長說。

「我們剛剛說的那個監視器的漏洞，不是有一串編號嗎，前面的 CVE 表示 Common Vulnerabilities & Exposures，這就是其中一種弱點資料庫，其他還有像是 OVAL，全名為 Open Vulnerability and Assessment Language；NVD，全名為 National Vulnerability Database。這些弱點資料庫，其收錄的資料格式整理在這張表，大家看看吧！」

這時柯邦快要按耐不住了，他的手慢慢伸向他的手機，伊森早就看穿柯邦的心不在焉，所以他搶先一步把柯邦的手機沒收，並在柯邦耳邊低語：「欸，這是校長的課欸，而且還是我們發問的，你先專心一點啦！」

柯邦有點無奈，他手托著腮，嘟起嘴巴，繼續聽著易杉校長上課。

易杉校長繼續說道：「其中因為 CVE 發起的時間最早，所以 OVAL 與 NVD 可補強 CVE 資訊內容的不足之處。」

弱點資料庫	維護機構	ID 編號	建議解決方法與比較	其他
CVE	MITRE	CVE-YYYY-NNNN	僅提供網址	-
OVAL	MITRE	Oval:org.mitre. Oval:def:NNNN	指明受影響的平台環境	XML 語言 提供系統環境檢查標準
NVD	NIST	沿用 CVE	指明受影響的平台環境	CVSS 分數參考

▲三種弱點資料庫比較

「但他們都有固定格式對吧！」伊森說。

易杉校長微微點頭回答伊森。

柯邦想起他曾經看過這些弱點的找尋是用掃描的方式，但具體掃描方式他不是很確定，所以他鼓起勇氣發問：「校長，弱點的掃描機制又是怎麼運作的呢？」

伊森淺淺笑了一下，心想：「他認真起來也挺有料的嘛」而易杉校長被柯邦如此有深度的問題震懾了，他說：「各位都很有程度呢！且聽我娓娓道來，弱點掃描屬於一種網路探測技術，會先對網段中每台主機的網路掃描，得知其 TCP/IP 埠的分配與開啟狀態、所開放的相關服務、軟體版本以及作業系統資訊之後，再根據公開或本身營運公司自己蒐集的弱點特徵資料庫進行比對，找出所有作業系統與使用的軟體已知的弱點或漏洞資訊製作成報表，而報表中將包含弱點的修補建議。」

柯邦的好奇心又被點燃了，他又問道：「那有什麼工具可以用來進行弱點掃描的嗎？」

易杉校長說：「當然啊！常見的有 Nessus 和 OpenVAS，這裡還有他們簡單的比較表，所列的就是他們之間的比較喔！」

工具名稱	可否遠端掃描	收費情況	安裝複雜度	使用者介面	報表輸出格式
Nessus	可	提供免費版本	較容易	直觀易懂	僅支援 pdf、html、csv
OpenVAS	不可（僅能於安裝的電腦掃描）	完全免費（開源軟體）	較複雜	較複雜，但可一鍵快速掃描	較豐富，且皆包含完整訊息

▲ Nessus 和 OpenVAS 比較

柯邦點點頭表示理解，於是易杉校長最後講到網絡攻擊圖：「我們講完了前三個名詞：通用弱點評價系統、弱點資料庫、弱點掃描技術，同學有什麼問題嗎？」

「校長，我記得有個東西叫 TOP 10　OWASP，這個就是彙整出來的網頁安全漏洞，所形成的資安問題對吧？」伊森問了一個很難回答的問題。

「嗯……沒錯，你知道的真……真不少，你該不會想問這些 10 大弱點吧……」

「真的可以嗎！那我就先謝謝校長了！」伊森說。

「你也是很會問，TOP 10 OWASP 恰好在 2021 年更新了，我們來看看 OWASP 這個機構所做出的整理，有些排名有升降，有些是新上榜的攻擊手法。」校長說道。

校長看了看手錶說：「嗯……但是因為時間關係，我只能講一下 2021 年的第一名與 2017 年的第一名。」

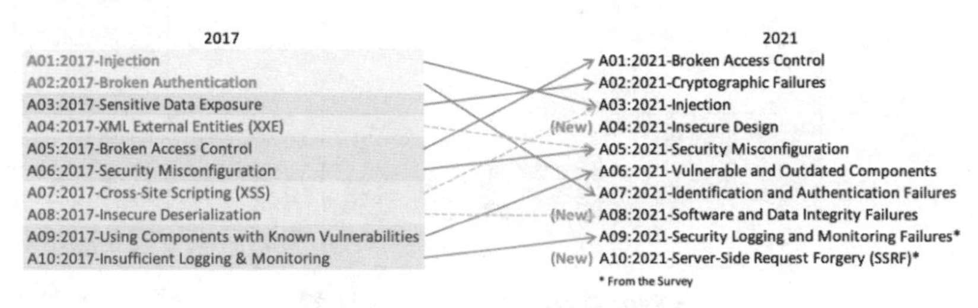

▲ OWASP 網站公佈的漏洞排名
（圖片來源：https://owasp.org/www-project-top-ten/）

「2021 年的第一名是 "broken access control"，這個漏洞的原因是沒有對使用者輸入的參數值去驗證所造成的，這樣的控制失效會導致未經授權的資訊洩漏，或損壞其他資料。總而言之就是未經授權的存取啦！」易杉校長很簡略的介紹。

「接著講講 2017 年的第一名，"injection"，也就是注入攻擊，常受到攻擊的指令是 SQL 的指令，如果這些程式設計不良，在有惡意指令夾帶時，就會被誤以為是正確的，然後就被執行了！對了，補充一下 SQL 是資料庫專用的一種結構化語言。」

伊森對校長比出「ok」的手勢，示意易杉校長他了解了，一方面也怕耽誤校長太多時間。

「好吧，有需要可以到 OWASP 的官網看更詳細的解說喔（AT https://owasp.org）。」易杉校長說道。

「該不會沒手機就要睡著了吧？」伊森的手在柯邦眼前揮啊揮的。

「你住海邊喔？你很『閒』欸。」柯邦開玩笑的說。

「錯，我是買水管的，所以我『管』很多。」伊森反開了一個玩笑。

「你講笑話功力怎麼這麼差，這個梗也太爛了吧」柯邦吐槽一下伊森，但這也加深了他們的感情。

易杉校長說：「好吧，我們繼續上課吧！而傳統的弱點掃描技術是一種基於特徵資料庫規則的弱點評估方法，它僅將一個個偵測到的弱點獨立顯示，而無法綜合評估這些弱點相互作用所產生的潛在威脅，於是出現了新興的攻擊圖，它是為了補足掃描工具所缺乏的多漏洞組合考量，選擇從攻擊者的角度出發，在綜合分析多種網路配置和弱點訊息的基礎上，列舉所有可能的攻擊路徑，並以圖形化的方式闡述攻擊者如何結合多個漏洞成功入侵，從而幫助防禦者直觀地了解目標網路內各個弱點之間的關係、弱點與網路安全配置之間的關係，以及由此產生的潛在威脅。」

伊森說道：「哇！如果能有圖形化的表示法，真的可以一目了然耶！這樣更可以知道彼此之間的關係，更好做出防禦對策呢！」

易杉校長接著說：「對於網路營運商來說，攻擊圖技術可以向用戶解釋一個網路系統容易遭受攻擊的原因，並顯示出攻擊者較容易藉由連接哪一台主機的哪種服務，入侵到真正資料存放的主機上；對於網路管理者來說，此技術以更清晰的圖示表明各個漏洞應處理的優先順序，以及建議採取的安全措施。」

「嗯，了解輕重緩急真的很重要」伊森咕噥著。

「因為過去攻擊圖的生成多依靠人工判斷製作，但隨著網路拓樸複雜性的提高，節點數量規模越來越大而導致圖形越來越複雜，須開始借助電腦的計算能力，藉此這堂課所介紹的攻擊圖工具為 MulVAL，可以在攻擊圖的判斷上發揮更大的效益。」

伊森聽到 MulVAL 後覺得很新奇，但是大部分的同學已經頭昏腦脹了，易杉校長也注意到這堂課講的有點多了，於是他用個遊戲來打比方：「大家都玩過塔防遊戲吧，我們在網路上就是試著要盡可能防禦所有的外來攻擊，保證城池的安全。」

大部分同學都被這個說法吸引了，尤其是柯邦，因為他是個不折不扣的遊戲愛好者。

看到大家的注意力又回來了，易杉校長接著說：「有時候敵人可能會從城堡有弱點的地方攻入，有些漏洞可能來自城牆被挖了小門、城堡內外有地洞等等，那我們要檢視這安全性漏洞，我們就要盡力去防禦對吧！」

「沒錯！我昨天晚上就在玩這種的遊戲！」柯邦說。

但還是有同學不太懂老師為何如此下比喻，於是易杉校長說：「剛剛介紹的通用弱點評價系統、弱點資料庫、弱點掃描技術，還有等等要講的網路攻擊圖這些名詞呢就像是遊戲攻略一樣告訴你哪邊是玩家最常沒注意到的弱點，該加強佈署的地方在哪裡、怪物攻擊的方式跟位置在哪喔！」

「那這個攻擊圖跟前面介紹的有什麼不一樣呢？」柯邦問。

「藉由使用 MulVAL 工具的攻擊圖自動化生成技術，透過攻擊圖確實考慮所有攻擊者可以運用的漏洞組合，使網路安全評估的方法從手動化邁向自動化，以更客觀及精確的方式評估其嚴重程度，來進一步改進針對漏洞的處理方式。」

「原來！他有組合漏洞來進行評估呀！」柯邦說道。

「來吧，我來給大家看看測試的結果，首先這是我實驗室中電腦的攻擊圖，這是把所有偵測到的漏洞，加以組合變成的攻擊圖」易杉校長說。

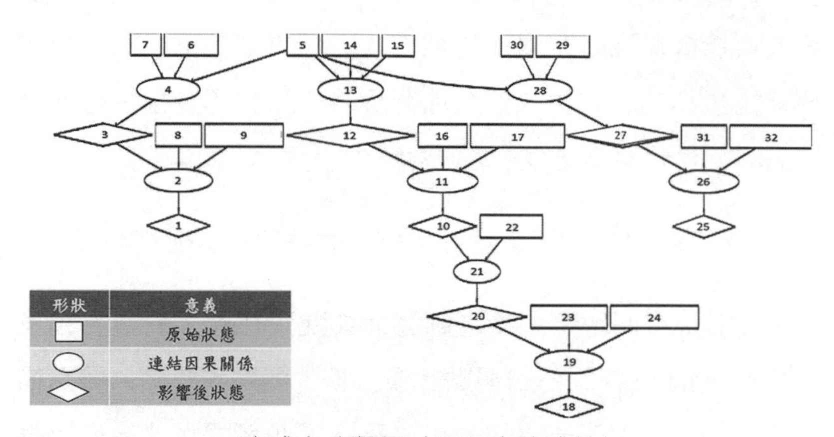

▲生成之攻擊圖（漏洞未填補前）

「接著我修補了其中一個漏洞之後，他的攻擊圖就被簡化成這樣了，藉此，防護強度就大大提高了！」易杉校長說。

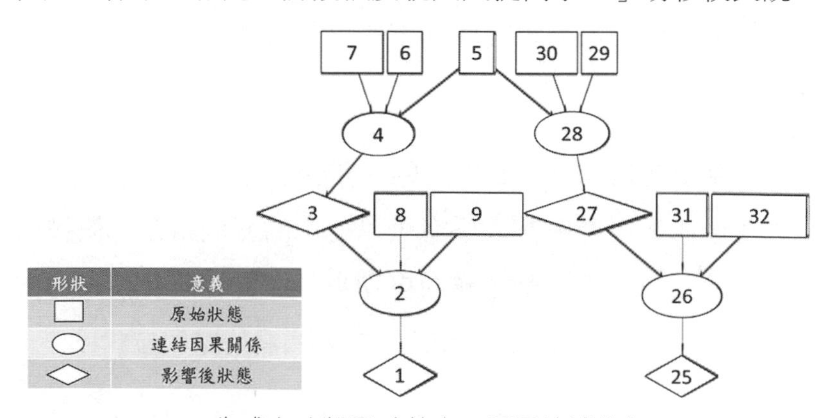

▲生成之攻擊圖（其中一漏洞填補後）

「哇！所以這種圖沒辦法在弱點評價系統、弱點資料庫、弱點掃描技術中得到對吧？」伊森問道。

「是呀！這就是他的價值所在呢！」易杉校長說。

「欸，如果有這種圖我昨天早就贏了……一定是遊戲沒有提供這種圖讓我看！」柯邦說。

「你確定有了你就會贏嗎？」伊森再次調侃了柯邦。

「當然啊，我那麼強」柯邦擺出一副臭美的樣子，逗得大家呵呵大笑。

「好啦，今天講的東西很好用，也很基本，大家回去要多多複習喔！」易杉校長說。

在聽完鄧易杉校長的解釋後，伊森和柯邦都露出一副豁然開朗的表情，他們異口同聲的說：「原來如此！真是收穫良多呀！」，易杉校長等大家都操作的差不多後，看看手錶，發現時間也不早了，於是確認過大家沒有問題後，就讓大家去餐廳吃飯。

3

CHAPTER

一層一層撥開神秘的網域

在前往餐廳的路上，伊森和柯邦發現了安潔教授站在站在電腦教室前和艾希教授一臉嚴肅的討論事情，好奇的兩個小子便湊上去想要了解發生了什麼。

伊森說：「請問發生了什麼嗎？」

安潔教授在猶豫了片刻後，給了艾希教授一個眼神，用暗示的方式詢問艾希教授是否要向這兩位學生透露，艾希教授點點頭，表示許可於是安潔教授便向他們說明了情況。

「我們收到『哈尼帕』傳來的訊息，有同學匿名向『哈尼帕』舉報佛倫鉅鎖有人使用洋蔥瀏覽器進行交易行為，卻未有使用上的操作設定，因而暴露了自己的 IP 位置，而這個是 TOR 的漏洞之一，而這個 IP 位置來自我們佛倫鉅鎖，我和艾希教授正在討論如何處理……」安潔教授輕聲地對著伊森和柯邦說道。

「毒……毒品？感覺很嚴重耶，嗯……『哈尼帕』又是何方神聖……？」柯邦露出不可思議的表情用氣音說著。

安潔教授說：「『哈尼帕』是調查資安科技案件的國家級機構，是因應現代資訊戰才設立的，裡面的人可都是身經百戰的『高級分析』人員，有些甚至是國安級的『白帽駭客』呢……」

「那不能從一般的瀏覽紀錄去看洋蔥瀏覽器嗎？」伊森問道。

安潔教授說「他用的是暗網的瀏覽器 TOR，所以有一定的鑑識難度，資料每次傳遞都有加密之外，還使用點對點傳輸，根本沒有經過伺服器，這樣要查……好像有點困難……」說完後，安潔教授露出了嚴肅的表情。

冷靜的伊森緩緩低下頭，思考他曾經看過關於數位鑑識的報導，雖然沒想到什麼辦法，但是他還是問了兩位教授「請問……有什麼工具可以進行這種非法活動的鑑識嗎？」

艾希教授這時倒吸了一口氣，並說：「啊！我知道了。」

安潔教授聽到艾希教授這句話說後，眼睛也突然亮了起來，並暗自說道：「原來如此，原來是這樣啊！」

伊森和柯邦還沒搞清楚發生了什麼，為什麼他們會突然靈光乍現呢？是知道了什麼嗎？

安潔教授和艾希教授這時帶著兩位學生一起進入電腦教室，準備大顯身手，一把抓出那隱藏暗處的老鼠尾巴。

伊森滿腹懷疑的問艾希教授及安潔教授說：「教授我們要做什麼呀？」

艾希教授說：「我們可以用一些工具進行洋蔥瀏覽器暗網的鑑識唷！」

安潔教授給了艾希教授一個眼神，示意他跟兩位學生講解一下。

艾希教授說道：「近來犯罪者為了避免遭到追緝，會盡可能不留下犯罪跡證，使用洋蔥瀏覽器就是其中的一種方法，所以洋蔥瀏覽器逐漸成為暗網犯罪中主要使用的媒介唷！最常見的莫過於暗網市場的非法交易，如毒品、槍械的黑市 交易，著名的「絲綢之路」，即是以 TOR 網路作為非 法交易市場。除此之外，殭屍網路（Botnet）利用 TOR 作為最有效的網路攻擊平 台，以及勒索軟體（Wannacry）利用 TOR 作為支付贖金之方式等，眾多的犯罪應 用，使 TOR 成為網路犯罪調查的一大重點。」

伊森和柯邦點點頭表示理解。於是艾希教授接著說：「我來簡單提一下洋蔥的運作以及組成吧！洋蔥路由的組成包括傳送端（Originator 或 Initiator）、接收端（Responder）、目的端（Destination）、目錄節點（Directory Node(s)）、鏈／線路（Circuit/Chain）、入口節點（Entry Node）、出口節點（Exit Node）以及中繼節點（Relay Node(s)）幾個部分。」

艾希教授這時為了引起伊森他們的興趣，於是問他們一個有趣的問題：「你們知道為什麼要取名為洋蔥嗎？」

柯邦說：「不知道欸，是因為探索洋蔥源頭很困難，所以像扒洋蔥時讓人想流淚嗎？」

安潔教授和艾希教授聽到如此有創意的回答都咯咯的笑著，看到柯邦反應這麼快，艾希教授摸摸柯邦的頭繼續說：「記得安潔教授剛剛提到的加密嗎？因為在於訊息會經一層一層的非對稱式加密包裝後，形成類似洋蔥形狀的資料結構，其層數取決於到目的端中間會經過的節點數。」

柯邦露出了疑惑的表情，低咕著：「非對稱式加密？」

細心的安潔教授發現了柯邦的疑惑後熱心的解釋道：「如果我們加密跟解密用的是同一把鑰匙就是對稱式加密，也就是傳統加密法唷！若是用不同把鑰匙加解密就叫做非對稱式加密，別名還有公鑰系統、雙鑰系統！」

柯邦更疑惑了，他沒忍住的「蛤」了一聲，如此可愛的模樣逗笑了大家。

安潔教授接著解釋道：「一定很難想像吧！這樣做的目的是避免一把鑰匙被人知道後，就可以知道其中的資料，因此是以安全為考量才使用雙鑰的喔！」

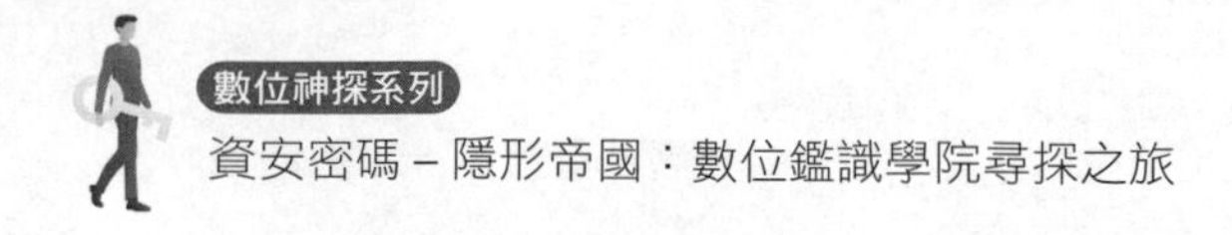

柯邦聽到後趕緊拿出手機想記錄安潔教授的話。安潔教授介紹完後，又輪到艾希教授介紹，看到認真的孩子們，艾希教授繼續介紹洋蔥瀏覽器：「其次，每經過一個節點，會將封包加、解密，因此任一個節點都無法確切知道傳送端與目的端的位置，使發送者達到匿名的效果，其過程可分為『網路拓樸建立』、『連結建立』、『訊息傳遞』、『訊息解密』等四大主要步驟唷！」

艾希教授看到兩位學生眼神流露出強大的求知慾，於是再丟出了一個問題：「你們知道為什麼 TOR 瀏覽器這麼普及嗎？」

伊森說出了心中的猜想：「嗯……是因為他是開源軟體，可以和很多系統相容嗎？」

艾希教授對於伊森的回答感到很滿意，他補充說道：「來，你們先看看電腦上的這個畫面，這是 TOR 的介面唷！TOR 瀏覽器就是洋蔥路由的應用，是由 Mozilla Firefox ESR 瀏覽器修改而成，並由 TOR Project 的開發人員做了許多安全性和隱私保護的設定調整，為開源軟體，可在多種作業系統上運行，如 Windows、Mac OS X、Linux、Unix、BSD 以及 Android 手機，現今亦能於 iOS 使用，只要下載 TOR Browser

即可使用，所以會很普及唷。另外，TOR Browser 在程式斷開連接時，便會刪除隱私保護的資料，例如 cookie 和瀏覽資料，所以追查更加有難度。這樣你們對洋蔥了解了嗎？」

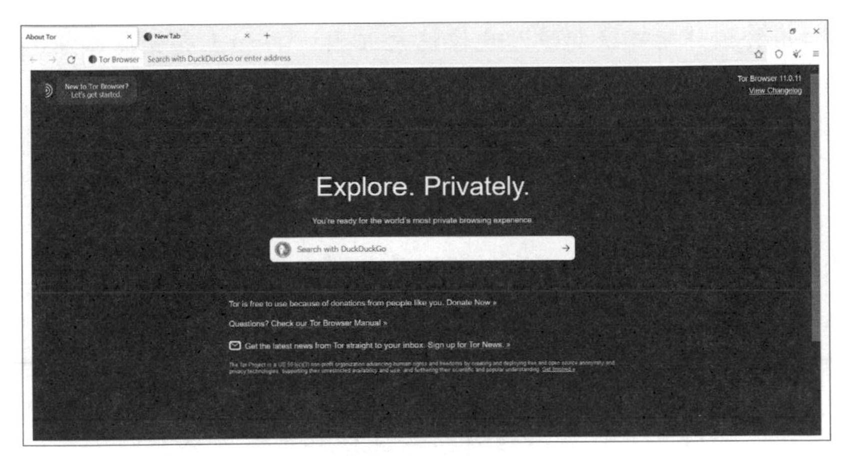

▲TOR 瀏覽器

伊森和柯邦異口同聲地說道：「原來如此！」

安潔教授看到兩位學生像塊璞玉一樣，就想讓他們多知道一些，好讓他們能變成一塊閃閃發光的寶石，於是他在艾希教授耳邊說：「不如教教他們如何鑑識怎麼樣呢？」

艾希教授十分樂意，於是他開始了操作，他首先給伊森及柯邦一人一張工具的說明書，並告訴他們：「我們這次會用『FTK Imager』和『HxD』進行鑑識唷，你們先看一下介紹吧！」

FTK (Forensic Toolkit) 是由 Access Data 公司所生產的一套數位鑑識工具，其採用直覺化的操作介面，非常適合接觸電腦鑑識的人員使用。其中 FTK Imager 即 為一種專用於製作磁碟及記憶體映像檔之工具，再加上其支援各種作業系統及檔 案系統，並採取全文檢索式的資料搜尋技術，使鑑識人員可以快速地找到所需的 數位證據。此軟體可免費下載於 Access Data 的官網中，故我們使用此軟體來進 行記憶體萃取，以取得所需的犯罪跡證。

HxD 為一個可以檢視檔案十六進位碼的軟體，除此之外，也可以利用此軟體直接進行檔案或記憶體的修改，並具有資料匯出的功能，可以直接將修改好的檔案匯出成 VB、C++ 等語言的專案檔，使用十分便利。此軟體亦為免費軟體，故我們 使用此軟體之基本功能—檢視檔案十六進位碼，來檢視由 FTK Imager 所萃取的 記憶體中，是否有相關的犯罪跡證。

正當伊森和柯邦在閱讀時，艾希教授打開了 TOR 瀏覽器，以及 Whois 的網站，打算跟兩位學生看看查詢在洋蔥上的網址 IP 會出現什麼結果。

當伊森和柯邦都看完時，艾希教授就說：「湊過來看看吧！如果我現在把 TOR 瀏覽器的網址貼到 Whois 進行網址查詢的話，會出現無效的網域哦，由此可知這個瀏覽器具有隱匿蹤跡的特性！」

艾希教授所示範的 TOR 瀏覽器跟 Whois 網站進行查詢。

▲TOR 瀏覽器畫面

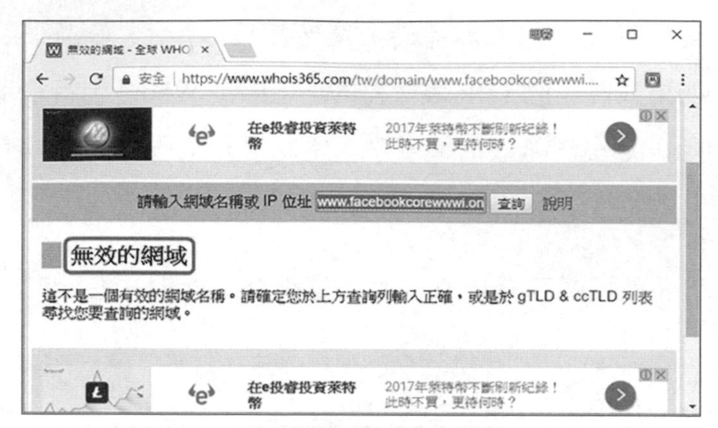

▲用 Whois 查詢 IP 得到無效的網域

「嗯哼～」伊森說

艾希教授接著示範兩樣工具的使用，他說：「我們現在要先嘗試撈主記憶體的資料，因為他是揮發性的，所以要趕緊撈取。」

伊森這時開了玩笑：「揮發性？我以為只有酒精會有揮發性，沒想到主記憶體也有？該不會……它也會讓人醉吧……」

氣氛頓時活絡了起來，大家都被伊森逗笑了，艾希教授解釋道：「揮發性是指在沒有插電的情況下，資料會消失啦！那是不會讓人醉啦……但鑑識人員往往會花很多時間泡在裡面找資料，這或許算是某種程度的陶醉？哈哈哈……咳咳……，玩笑開夠了，要繼續正經的事了。」

首先艾希教授先在 TOR 瀏覽器瀏覽臉書網站，並打開「FTK Imager」進行記憶體萃取，然後得到了一個檔案名稱為「memdump.mem」。

安潔教授在旁邊補充道：「這個檔案是透過『FTK Imager』的記憶體傾印（Memory Dump）功能而得的唷！，會把現在記憶體的狀態直接變成一個檔案，然後我們匯入這個檔案到『HxD』查看就可以了！當然你要直接匯到『FTK Imager』來找字串也是可以的。」

接著艾希教授熟練的用「HxD」打開了這個檔案，並且用字串搜尋的方式找到「onion」，然後得到了瀏覽網址，得到網址後還原了使用者所瀏覽的網站。

艾希教授所說如下。

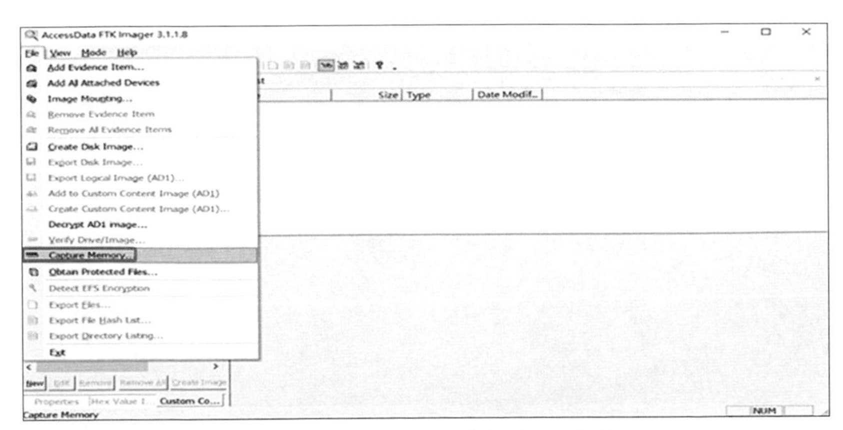

▲用「FTK Imager」進行記憶體萃取

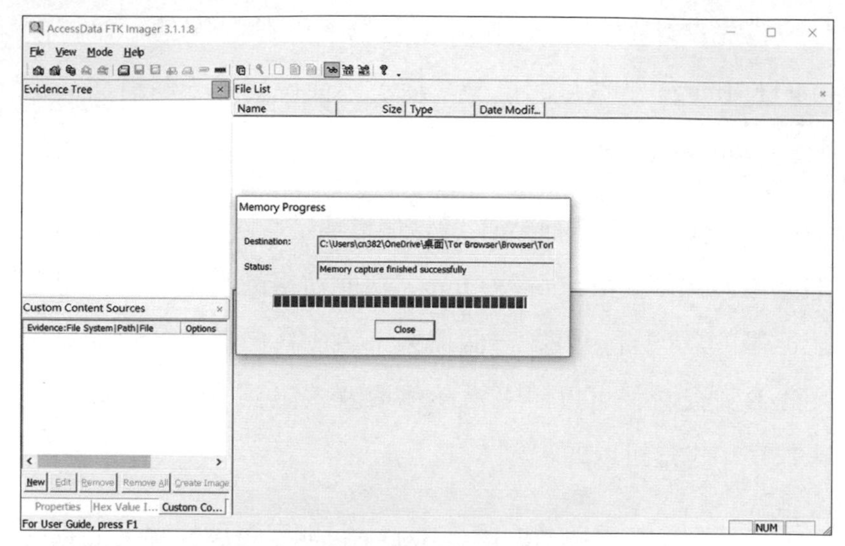

▲萃取過程

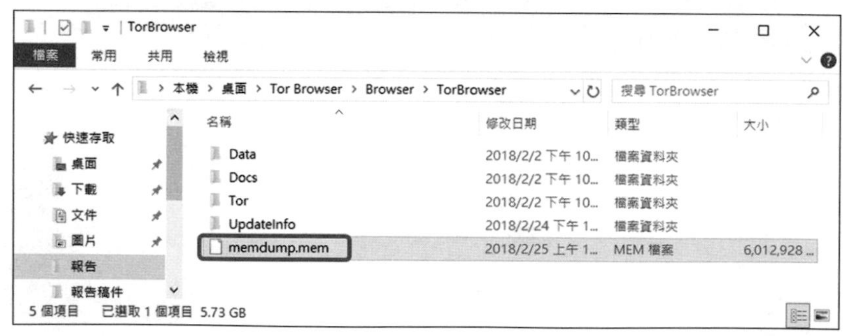

▲得到「memdump.mem」的檔案

▲ 匯入「HxD」並開啟，顯示為 16 進位檔案

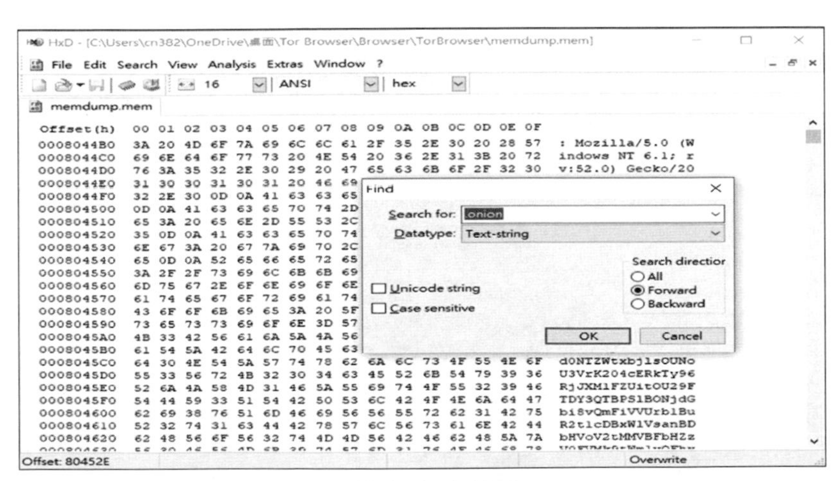

▲ 進行字串搜尋

```
HxD - [C:\Users\cn382\OneDrive\桌面\Tor Browser\Browser\TorBrowser\memdump.mem]
File  Edit  Search  View  Analysis  Extras  Window  ?
16  ANSI  hex
memdump.mem

Offset(h)  00 01 02 03 04 05 06 07 08 09 0A 0B 0C 0D 0E 0F
0008044B0  3A 20 4D 6F 7A 69 6C 6C 61 2F 35 2E 30 20 28 57  : Mozilla/5.0 (W
0008044C0  69 6E 64 6F 77 73 20 4E 54 20 36 2E 31 3B 20 72  indows NT 6.1; r
0008044D0  76 3A 35 32 2E 30 29 20 47 65 63 6B 6F 2F 32 30  v:52.0) Gecko/20
0008044E0  31 30 30 31 30 31 20 46 69 72 65 66 6F 78 2F 35  100101 Firefox/5
0008044F0  32 2E 30 0D 0A 41 63 63 65 70 74 3A 20 2A 2F 2A  2.0..Accept: */*
000804500  0D 0A 41 63 63 65 70 74 2D 4C 61 6E 67 75 61 67  ..Accept-Languag
000804510  65 3A 20 65 6E 2D 55 53 2C 65 6E 3B 71 3D 30 2E  e: en-US,en;q=0.
000804520  35 0D 0A 41 63 63 65 70 74 2D 45 6E 63 6F 64 69  5..Accept-Encodi
000804530  6E 67 3A 20 67 7A 69 70 2C 20 64 65 66 6C 61 74  ng: gzip, deflat
000804540  65 0D 0A 52 65 66 65 72 65 72 3A 20 68 74 74 70  e..Referer: http
000804550  3A 2F 2F 73 69 6C 6B 6B 69 74 69 65 68 64 67 35  ://silkkitiehdg5
000804560  6D 75 67 2E 6F 6E 69 6F 6E 2F 69 6E 74 6C 2F 6B  mug.onion/intl/k
000804570  61 74 65 67 6F 72 69 61 74 2F 31 30 30 30 0D 0A  ategoriat/1000..
000804580  43 6F 6F 6B 69 65 3A 20 5F 6D 61 72 6B 65 74 5F  Cookie: _market_
000804590  73 65 73 73 69 6F 6E 3D 57 45 70 57 52 45 70 55  session=WEpWREpU
0008045A0  4B 33 42 56 61 6A 5A 4A 56 44 56 30 55 6C 4A 6E  K3BVajZJVDV0UlJn
0008045B0  61 54 5A 42 64 6C 70 45 63 58 46 69 55 6B 74 6F  aTZBdlpEcXFiUkto
0008045C0  64 30 4E 54 5A 57 74 78 62 6A 6C 73 4F 55 4E 6F  d0NTZWtxbjlsOUNo
0008045D0  55 33 56 72 4B 32 30 34 63 45 52 6B 54 79 39 36  U3VrK204cERkTy96
0008045E0  52 6A 4A 58 4D 31 46 5A 55 69 74 4F 55 32 39 46  RjJXM1FZUitOU29F
0008045F0  54 44 59 33 51 54 42 50 53 6C 42 4F 4E 6A 64 47  TDY3QTBPSlBONjdG
000804600  62 69 38 76 51 6D 46 69 56 56 55 72 62 31 42 75  bi8vQmFiVVUrb1Bu
000804610  52 32 74 31 63 44 42 78 57 6C 56 73 61 6E 42 44  R2t1cDBxWlVsanBD
000804620  62 48 56 6F 56 32 74 4D 4D 56 42 46 62 48 5A 7A  bHVoV2tMMVBFbHZz

Offset: 80454C    Block: 80454C-80457D    Length: 32    Overwrite
```

▲找到相應網址

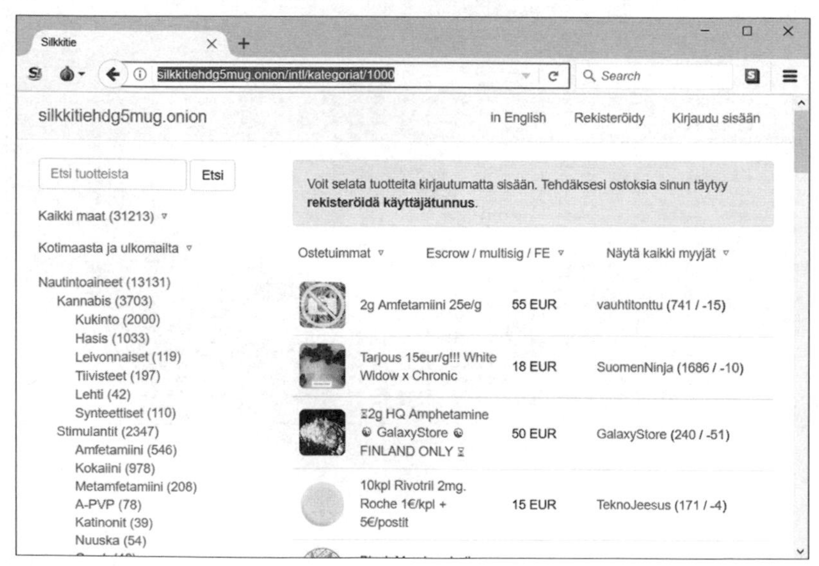

▲利用網址進行網站還原

當網站被還原後，空氣瞬間凝結了，所有人都屏住呼吸，因為大家不敢相信眼前出現的，居然是毒品軍火交易的網站，所有人都像被冰凍了一般，只剩眼珠子四目相交，安潔教授發現讓學生看到了不該看的東西，就趕緊看了手錶，然後說道：「啊……時間有點晚了，伊森你們不是還要去餐廳嗎？你們應該餓壞了吧，趕快去吃飯……」

伊森發現情況不對，於是拉著柯邦向兩位教授道謝後趕緊離開去餐廳。教室裡只剩下兩位教授，他們不敢相信佛倫鉅鎖裡，居然有人背地裡進行著非法交易，不過，這個網站只能得知有人拜訪過，至於是誰，用了什麼帳號登入，或是是否實際進行交易都無法得知……。

就這樣，這個謎籠罩著佛倫鉅鎖，因為 TOR 瀏覽器匿名的特性，造成調查上的限制，只能在未來的日子裡再慢慢觀察了。幸好這件事情沒有快速傳開，只在教授之間傳遞，學生部分除了伊森和柯邦之外沒人知道，而伊森和柯邦也很識相，並沒有四處張揚，因為他們心裡清楚知道，如果當事者（嫌疑犯）聽到，當事者就會改變作案模式，不使用原來的電腦，這樣對於調查只會雪上加霜，使佛倫鉅鎖暴露於更大的風險之中……

4

CHAPTER

電郵情資保護大作戰

在一個風和日麗的早晨，剛完成期中考的伊森想去佛倫鉅鎖教務系統的信箱查詢成績還有自己的獎懲紀錄，卻發現信箱網站遲遲無法成功連線 。在經過了數次反覆重新整理，好不容易終於能打開信箱，卻發現信箱中充斥著莫名的郵件，而且數量異常的驚人。正當伊森百思不得其解，住在同一寢室的柯邦也遇到了類似的狀況。

「柯邦，你進得了教務系統嗎？我已經在連線畫面卡了好久，而且前幾次都失敗了。」伊森問柯邦。

「等我試一下，我看看」柯邦回應道。「不過為什麼要在這種時間看校園的網站啊？」

「因為有很多活動相關公告，而且最近期中考的成績應該也差不多寄到電子信箱裡了，我想看一下這次考得如何。」伊森回覆。

「哎呀，你這個人就是太認真了，期中考才剛過一週，你就這麼急著往下一步前進，要懂得適當休息啦，俗語不是說『休息是為了走更遠的路』嘛。」柯邦嘟囔著，但也沒停下手邊的動作，持續重新整理著頁面。

「好像也不行耶？可是網站之前幾乎都很穩定，很少有無法連線的狀況啊？我們再試試好了，或許現在比較多人在用校務系統，才會比較難連進去。」柯邦推論。

過了許久兩人再次嘗試，終於可以登入校務系統的信箱。沒想到，信箱內卻多出了很多奇怪的垃圾信件，使伊森及柯邦無法馬上找到成績通知。

兩人覺得事有蹊蹺，決定詢問賴嘉等多位同窗好友，是否有類似的狀況發生。果不其然，幾乎所有學生用來收學院信件的電子信箱都遭到垃圾郵件的侵擾。

「有人知道為什麼會發生這種事嗎？」伊森在學生的 LINE 群組中率先發問。然而，眾人鴉雀無聲，學院內的學生中沒有一個人可以解答伊森的疑問。

「哎唷，又不是什麼大事，可能只是有些人的網路連線不佳，卻又性子急，所以多按了幾次傳送，因此不小心多傳了幾封郵件，大家不要放在心上。」此時在伊森身旁的田小班突然插嘴說到。

「而且我剛剛確認過了，郵件裡面沒有什麼奇怪的內容，大家可以放心查看。」田小班又補充道。

「我打開郵件後，發現裡面都是一些無關學院事務的網站或其它資訊，甚至有奇怪的附加檔案。可是這個信箱應該是學院為我們註冊，用於接收學院事務的信箱，怎麼會有人寄這些東西呢？」柯邦說。

「這樣僵持下去也於事無補，我們還是另請高明吧。問看看艾希教授如何？」平時就鬼靈精怪的賴嘉，迅速地提出解決方案。因為沒有人有更好的想法，或更專業的知識能夠幫上忙，大家也就順著賴嘉的意思，請艾希教授幫忙查看。

「伊森，你們大清早的就一群人擠在我的辦公室門口，是想造反嗎？難得我今天空堂一天可以沈思，清空大腦放空……，就不能安安靜靜讓我一個人悠閒地度過嗎？真的是，自在的節奏都被你們這群兔崽子打亂，真是服了你們……」艾希教授發牢騷道。雖然因為被打擾而啐啐唸著，但看到學生們因垃圾郵件而困擾不堪，又一副求知若渴的精神，艾希教授還是勉為其難的打開了辦公室的大門。

「所以，到底是什麼事情，能讓你們登上這三寶殿？呵呵……」艾希教授問道。

伊森一五一十的將情況轉告艾希教授，教授開始沉思……

「目前的狀況，應該是有同學或是課務組的信箱不甚遭到垃圾郵件的侵襲，但是卻沒有意識到這件事，不慎觸發了信件內安排好的惡意轉寄功能，才會導致這種情形。」艾希教授推測。

「好吧！機會難得，我先介紹一些郵件的基本常識吧。」

伊森和柯邦、田小班、賴嘉一聽到艾希教授又要大顯神威，無不肅然起敬，甚至拿起紙筆準備做筆記。

艾希教授問大家：「在場有人知道郵件表頭是什麼嗎？」趁大家在思考時，艾希教授順手找他電腦裡的講義資料，似乎這些小鬼學生們盡是他的探囊物而自若神情。

田小班小聲的說道：「我記得……好像跟寄信信封上的寄件資訊一樣，啊……算了，我亂講的，不要理我好了。」

艾希教授這時把目光投向田小班，他看著田小班點點頭，並向他說道：「你講對了啊！有自信一點好嗎？」田小班羞澀的笑了笑，看著地板搔搔頭，有一絲不好意思，這時艾希教授剛好也翻到了檔案，於是便開始向 4 位同學開始介紹。

項目	說明
Delivered-To:MrSmith@gmail.com	郵件的寄送目的郵件地址
Received: by 10.36.81.3 with SMTP id e3cs239nzb; Tue, 29 Mar 2005 15:11:47 -0800 (PST)	郵件傳送到 Gmail 伺服器的時間
Return-Path:	傳送郵件的郵件地址

項目	說明
Received: from mail. Emailprovider.com (mail.emailprovider.com [111.111.11.111]) by mx.gmail.com with SMTP id h19si826631 mb.2005.03.29.15.11.46; Tue, 29 Mar2005 15:11:47 -0800 (PST)	此郵件來自 mail.emailprovider. com，時間是 2005/03/29 15:11 經由 Gmail 傳送
Message-ID: 20050329231145.62086.mail@ mail.emailprovider.com	Mail.emailprovider.com 產出的專屬編碼，用來辨識郵件
Received: from [11.11.111.111] by mail.emailprovider.com via HTTP; Tue, 29 Mar 2005 15:11:45 PST	寄件者 Mr. Jones 產出此郵件後寄出，mail.emailprovider.com 郵件伺服器收到該郵件
Date: Tue, 29 Mar 2005 15:11:45 -0800 (PST) From: Mr Jones Subject: Hello To: Mr Smith	日期、寄件者、主旨及目的地

▲郵件基本資訊

「以 Gmail 舉例，上面這些是郵件上會記載的基本資訊，想必各位都有瞄過一兩眼。其中有些資訊可能不是那麼常被使用者注意，像是用來辨識郵件的專屬碼，但還是向各位「科普」一下。這些就很像田小班剛剛說的喔。」艾希教授說。

```
Delivered-To: MrSmith@gmail.com
Received: by 10.36.81.3 with SMTP id e3cs239nzb; Tue, 29 Mar 2005 15:11:47 -0800 (PST)
Return-Path:
Received: from mail.emailprovider.com (mail.emailprovider.com [111.111.11.111]) by
mx.gmail.com with SMTP id h19si826631rnb.2005.03.29.15.11.46; Tue, 29 Mar 2005
15:11:47 -0800 (PST)
Message-ID: <20050329231145.62086.mail@mail.emailprovider.com>
Received: from [11.11.111.111] by mail.emailprovider.com via HTTP; Tue, 29 Mar 2005
15:11:45 PST
Date: Tue, 29 Mar 2005 15:11:45 -0800 (PST)
From: Mr Jones
Subject: Hello
To: Mr Smith
```

▲ 郵件標頭

賴嘉跟柯邦拍拍田小班的背，要他自信一點。

「來來來，你們看我電腦上的這個表，這就是標頭的內容喔，旁邊這張圖就是一個真實的郵件表頭喔！」大家輪流看艾希教授螢幕的時候，艾希教授繼續介紹著：「電子郵件主要是由信封（Envelope）和訊息（Message）所構成，如同傳統信件的樣子，有信封和內容。信封（Envelope）包含 "MAIL From" 和 "RCPT To" 兩個訊息，亦即寄件來源和寄件目的之資訊。」

「喔～那真的很像要給郵差看的資訊欸！」賴嘉說道。

「信封包含 "MAIL From" 和 "RCPT To" 兩個訊息，亦即寄件來源和寄件目的之資訊。而訊息，則又分為標頭（Headers）與本體（Body）。標頭包含遞送時戳、郵件識別碼、寄件人、收件人、寄件日期以及主旨，而本體就是信件內容。」

「廣泛被大眾使用的三大電子郵件服務，分別為 Gmail、Outlook.com 和 Yahoo! Mail。這些電子郵件都是提供免費使用，使用者也可轉為付費帳戶，享受更優於免費帳號的功能。」艾希教授說。

「喔，就很像 YouTube 一樣有一般免費使用版，也有 "premium" 的付費版本嘛！」田小班說道。

艾希教授點點頭，並問大家：「呵呵，你們想知道他的 "premium" 服務是什麼嗎？」

伊森睜亮了眼睛，並說：「那當然！」

艾希教授於是說：「他可以提供即時通話、發起視訊的功能，另外還可以用來掌握專案的進度或提供檔案共享、追蹤喔！對於企業來說，他還可以自訂電子郵件地址，群組內的使用者，都可以有多個電子郵件地址，如此一來，就可以區分郵件屬於公事用、個人用，或分為常用、不常用，藉此得能更好管理了！」

伊森讚嘆：「原來現在信箱的功能整合的這麼齊全啊！」

柯邦這時也有了疑問：「對了，那如果用了付費功能後，我要把垃圾郵件轉寄到不常用的信箱要怎麼設定呢？」

艾希教授說：「這裡剛好有關於 Gmail 郵件轉寄的圖表，你們來看看。」隨著俐落的點擊，艾希教授的電腦螢幕顯示了關於郵件轉寄流程的圖片，並現場操作。

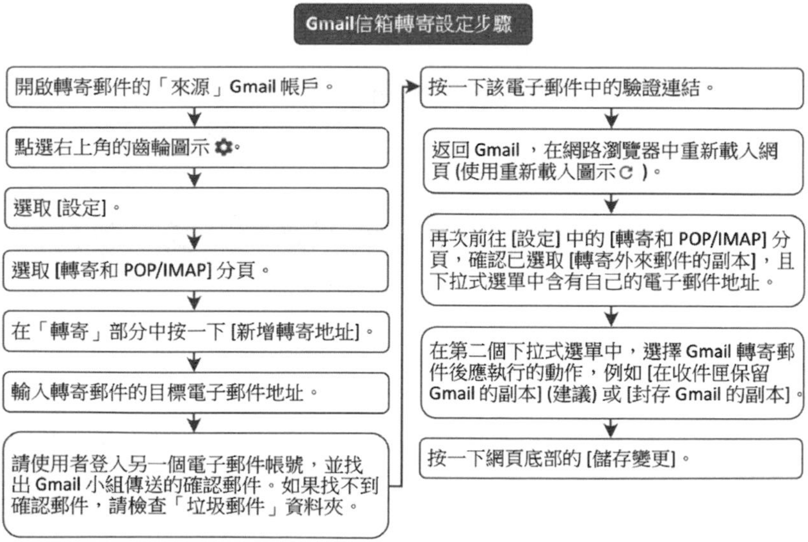

Gmail信箱轉寄設定步驟

開啟轉寄郵件的「來源」Gmail 帳戶。
↓
點選右上角的齒輪圖示 ⚙。
↓
選取 [設定]。
↓
選取 [轉寄和 POP/IMAP] 分頁。
↓
在「轉寄」部分中按一下 [新增轉寄地址]。
↓
輸入轉寄郵件的目標電子郵件地址。
↓
請使用者登入另一個電子郵件帳號，並找出 Gmail 小組傳送的確認郵件。如果找不到確認郵件，請檢查「垃圾郵件」資料夾。
→
按一下該電子郵件中的驗證連結。
↓
返回 Gmail ，在網路瀏覽器中重新載入網頁 (使用重新載入圖示 C)。
↓
再次前往 [設定] 中的 [轉寄和 POP/IMAP] 分頁，確認已選取 [轉寄外來郵件的副本]，且下拉式選單中含有自己的電子郵件地址。
↓
在第二個下拉式選單中，選擇 Gmail 轉寄郵件後應執行的動作，例如 [在收件匣保留 Gmail 的副本] (建議) 或 [封存 Gmail 的副本]。
↓
按一下網頁底部的 [儲存變更]。

▲ Gmail 轉寄設定步驟

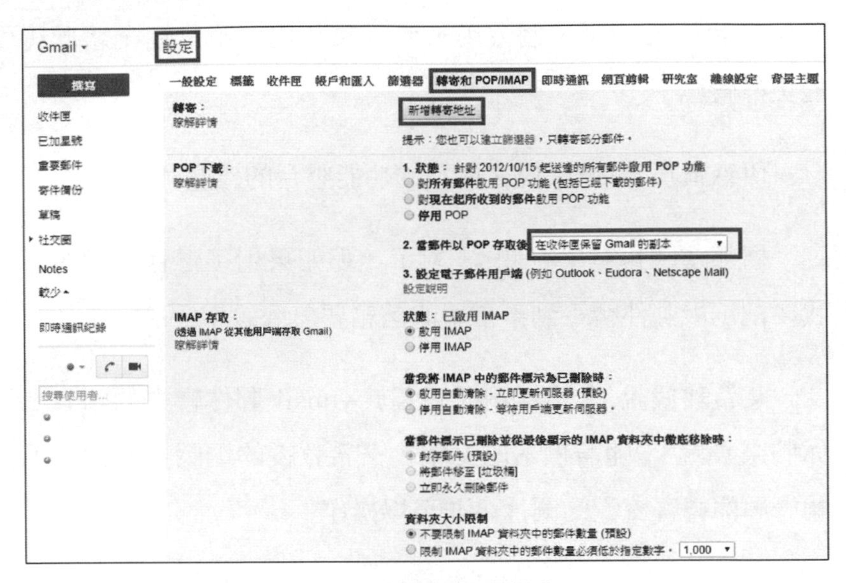

▲ Gmail 轉寄設定操作

柯邦問道：「咦，流程圖裡面有 "POP" 跟 "IMAP" 耶，那是什麼呀？」

艾希教授回答：「這是存取郵件的兩種方法啦！他們最大的差別是信件儲存位置不同，"POP" 在開啟郵件之後，會儲存在電腦的硬體空間，而 "IMAP" 則是儲存在伺服器端。」

機靈的伊森說：「那我們現在有手機、有平板、有電腦，要看同步信件用 "IMAP" 是不是比較好呢？」

艾希教授滿意的點點頭，認同伊森所說的。

伊森再舉一反三的問：「那如果我設定成 "POP"，這樣我從手機看過信件之後，伺服器端把我的紀錄刪除，我用平板想看郵件內容是不是就看不到了？」

艾希教授摸摸伊森的頭說：「你這孩子反應真快！」

「嘻嘻，謝謝教授」伊森臉上露出了燦爛的笑容。

「Gmail 自 2012 年 10 月開始，信箱服務使用者人數超越 Hotmail，成為全球使用率排名第一的電子郵件服務。你們有人在用其他的信箱像是 Outlook、Yahoo 信箱嗎？」艾希教授說。

4 位同學面面相覷，都紛紛搖搖頭。

「但是教授，講了這麼久，我們好像還是不知道為什麼大家會收到這嗎多垃圾信件。請問目前有什麼線索或頭緒嗎？」柯邦問道，臉上掛著一絲擔憂。

「差點忘了你們此行的目的。依目前狀況來看，我們的信箱系統可能是遭到駭客惡意的干擾了。大家先不要打開這些來路不明的郵件，否則可能會掉進惡意人士的圈套。」此時，艾希教授拉回了正題。

「若是一個不小心，除了自己電腦內的資料可能會被盜用外，甚至還可能使資料、硬體被蓄意者綁架而遭到勒索。

而且，因為轉寄功能，你的帳號可能還會成為協助犯罪傳播的道具。」

聽到艾希教授的警告，眾人倒抽了一口氣，無不感到驚駭萬分，同時也慶幸沒有因為小看這些問題，而踏入未知陷阱。

「那……那他們會把我們的信箱怎麼樣嗎……？」柯邦擔心地說著。

「我們主要擔心個資的問題，駭客從事犯罪行為，縱而言之，乃是因為『有利可圖』。他們的目的可能在於獲取目標的個人資訊，藉以獲取更大的收益商機，舉凡目標的財務資訊、公司商業機密等。然而，這些特殊的資訊也一直不斷地更新，所以駭客在手法上勢必要不留痕跡又可以持續獲取資訊。」艾希教授說。

賴嘉說：「那他們會怎麼下手呀？」

艾希教授回答：「前陣子最近時常發生駭客利用電子郵件犯罪，大致上可以分為兩類：社交工程（Social Engineering）和郵件轉寄。在這兩種慣用的手法上，多數使用者無法輕易發覺自身已經受駭客入侵，而長期遭駭客利用。」

賴嘉說：「哇……聽起來很嚴重欸，會在無法察覺的情況下成為跳板或是攻擊目標。對了，『轉寄』的部份我們剛剛了解過了，那『社交工程』又是什麼呢？」

艾希教授回答：「社交工程是利用電子郵件來騙取使用者的個人資料、密碼，甚至於入侵及破壞使用者的電腦，都是屬於社交工程行徑。社交工程主要是先以欺騙使用者博取其信賴，然後藉由讀取信件內容進行惡意攻擊行為。來來來，你們看看這張表。」

項目
以吸引人的主標題引誘人開啟郵件
冒充寄件者
誘騙使用者的登入帳號、密碼（網路釣魚）
欺編使用者重新認證（騙取個資）
開啟惡意連結（載入木馬、病毒）
下載惡意附件（載入木馬、病毒）

▲社交工程行為

大家紛紛湊過來看，趁著大家輪流看時，教授一邊介紹上面的內容：「網路釣魚（Phishing）是以電子郵件、通訊軟體或簡訊誘騙收件者提供個人或財物資訊的手法。一般網路釣魚的誘騙大多以電子郵件起始，利用看似可靠來源的正式通知，如銀行或網路商店來進行欺騙。在虛假訊息中，收件者會連結至詐騙網站，並被要求提供個人資訊，例如帳號或密碼。利用與使用者相關的訊息誘騙使用者，讓使用者信以為真地在釣魚網頁上輸入被誘導的訊息，即不經意裡提供給駭客入侵管道裡的關鍵資訊。」

柯邦咕噥著：「哼……我才不想要變成駭客池塘裡的魚，看來以後要小心了，不要輕易上當。」

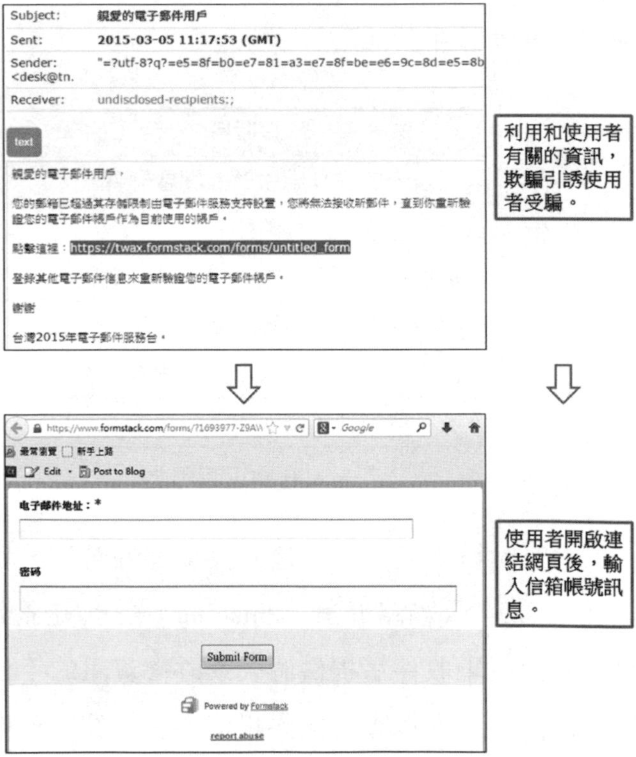

Subject: 親愛的電子郵件用戶
Sent: 2015-03-05 11:17:53 (GMT)
Sender: "=?utf-8?q?=e5=8f=b0=e7=81=a3=e7=8f=be=e6=9c=8d=e5=8b <desk@tn.
Receiver: undisclosed-recipients:;

text

親愛的電子郵件用戶，

您的郵箱已超過其存儲限制由電子郵件服務支持設置，您將無法接收新郵件，直到你重新驗證您的電子郵件帳戶作為目前使用的帳戶。

點擊這裡：https://twax.formstack.com/forms/untitled_form

登錄其他電子郵件信息來重新驗證您的電子郵件帳戶。

謝謝

台灣2015年電子郵件服務台。

利用和使用者有關的資訊，欺騙引誘使用者受騙。

https://www.formstack.com/forms/?1693977-Z9A\

電子郵件地址：*

密码

Submit Form

Powered by Formstack

report abuse

使用者開啟連結網頁後，輸入信箱帳號訊息。

▲ 釣魚郵件誘騙使用者信箱帳號與密碼

艾希教授莞爾一笑，接著繼續說道：「而木馬程式（Trojan Horse）屬於後門程式的一種，會開啟目標電腦程序或系統的存取權限，便可以用來盜取目標的個人資訊，更甚者可以遠端控制目標電腦。駭客通常會透過各種方法誘騙目標開啟執行該程式。而當使用者任意下載了未知郵件的附加檔案，在執行過程中，木馬程式也將一併執行，並竊取使用者的個資與信箱內資訊，駭客可以利用木馬程式獲取更多可利用的資訊。」

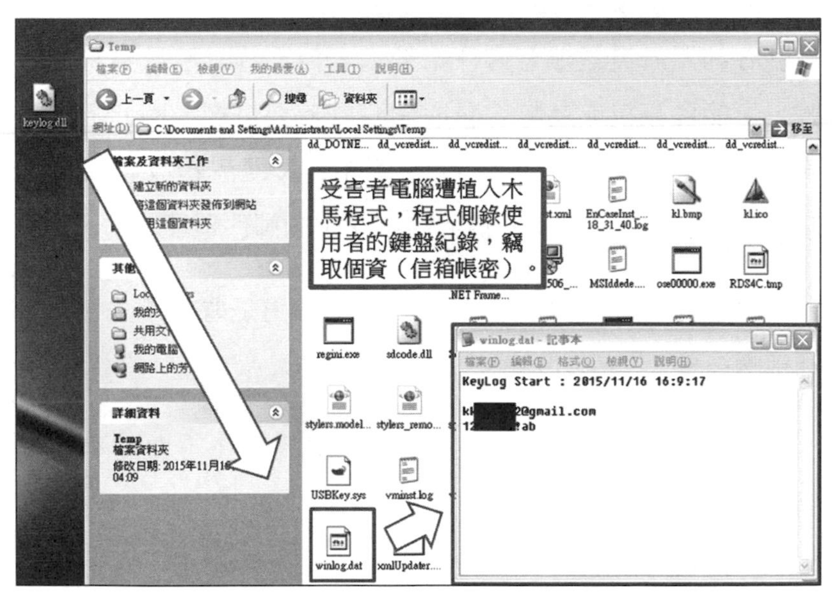

▲遭木馬程式竊取信箱帳密畫面

「另外除了木馬，部分郵件也帶有電腦病毒（Virus）。如同現實生活的病毒，電腦病毒也會進行自我複製，可引發快速蔓延的效果。其目的是用來破壞目標電腦、檔案或占用目標的儲存空間和記憶體，可能會導致目標電腦速度變慢。」

柯邦說：「蛤……這個比釣魚更嚴重了，釣魚還可以稍微注意，這個木馬跟病毒就有難度了。」

艾希教授說：「是啊！而且遭盜取的電子郵件帳號常會被駭客利用於發送惡意郵件給他人，但部分具敏感資料的帳號，可能會直接成為駭客竊取個資的首要目標。因此駭客會直接對該帳號設定郵件轉寄，每當遭入侵信箱收到新郵件時，信件就會自動轉寄一份到駭客設定的郵件地址。」

田小班說道：「轉寄是個好功能，但還是會被不法人士所利用啊……」

艾希教授說：「重點是，轉寄設定的動作不會有相關紀錄，只能在轉寄設定時設定留下被轉寄信件的副本至寄件備份中。然而，如果轉寄是由駭客所設定，則幾乎不會留下相關紀錄，加上一般使用者也不會去檢視自己信箱帳號內的轉寄設定，所以當發現時，信箱帳號幾乎都已遭長期地轉寄，而外洩的資料數量也無法評估了。」

「喔不……該不會連電腦的 "Log" 或是稽核紀錄都看不到吧」田小班說。

艾希教授嘆了口氣：「唉，是呀，所以大家要更小心了！」

「鈴……鈴……」艾希教授的電話這突然時響了起來，艾希教授接過電話後說著：「是……是……，啊，真的嗎！……那……那太好了……謝謝院長！」原來艾希教授將處理垃圾郵與預防此類型攻擊的方法告訴院長，並得支持而進行系統重新檢視並補強資安防護，學院的系統才終於恢復正常。

艾希教授最後告訴同學們應該如何防範這種情形：「當收到電子郵件時，第一步可以做的就是檢查郵件表頭的內容，看看是否有異常喔！在『寄件者欄位』，檢查寄件者名稱與寄件者郵件位址是否不符合；在『郵件主機』欄位，可以查看看寄件者的網域和 "Message ID" 的網域是否一致；『郵件時戳鏈』則可以檢視郵件寄送的主機名稱是否不連貫；『寄件來源 IP』用來審視寄件來源 IP 是否可疑。」

大家都拿起手機或筆記本記下這些撇步，不想成為駭客攻擊池塘裡的「魚」，也不想落入駭客的圈套。

艾希教授說著：「建議在收到郵件時，先針對上述項目逐一檢視，可減少個資失竊和電腦遭受入侵之風險喔。」

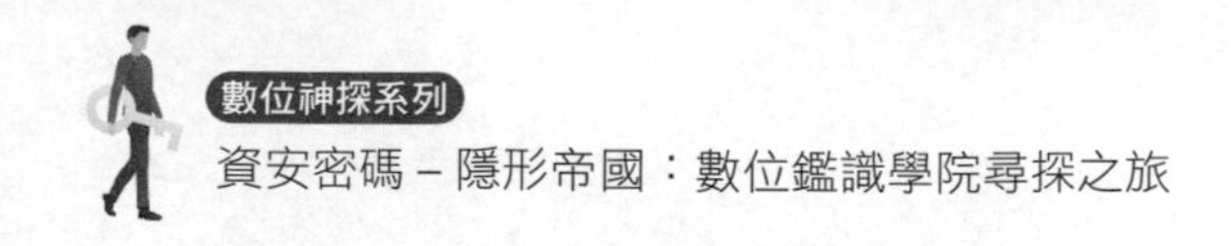

伊森說：「除了檢查表頭之外還有其他方法嗎？」

「那當然！若可以將信件以純文字模式開啟，便可避免透過 "JavaScript" 等格式編譯而執行的潛在惡意程式碼，也可減少誤點惡意連結而遭植入惡意程式或木馬程式。另外，建議關閉信件提供的即時預覽功能，可降低由惡意郵件造成的風險。」艾希教授邊說邊操作電腦，示意給伊森一行人看。

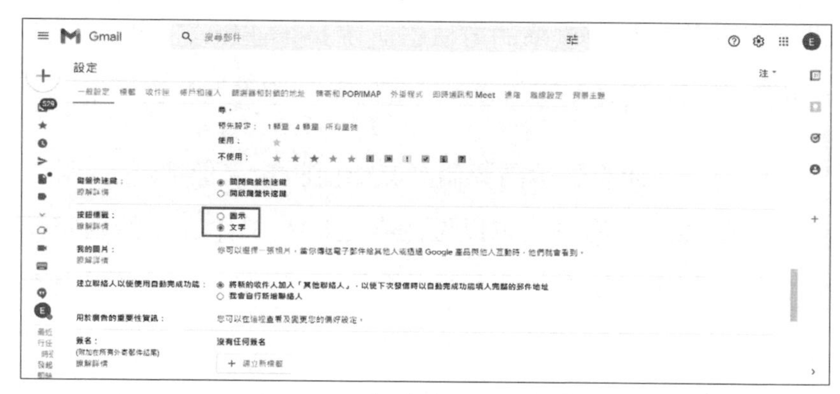

▲ Gmail 設定成純文字模式

經過了艾希教授的解釋，大家開始製作 "Checklist"，準備回去好好檢查自己的是否遭到駭客的控制及侵襲，並加上防護措施。除了更加謹慎的面對每一封來源未知的郵件，開啟郵件前也要防止惡意程式碼的侵襲。

最後，艾希教授說：「如果確定自己的電子郵件帳號遭到入侵時，最先要做的動作是清除電腦主機內的病毒或惡意程式。大多數遭入侵的電子郵件帳號使用者，其電腦也都被置入病毒或惡意程式，所以在對電子郵件帳號進行密碼設定前，必須確定所使用的電腦主機系統是沒有問題的，否則不管使用者更換多少次密碼，還是會再次遭受入侵。」

「雖然說很多人的郵件都被騷擾，但是我們也藉著這個機會學到了更多關於郵件的知識，可以說是『塞翁失馬，焉知非福』呢！」田小班開心的說道。

「等等，艾希教授，我沒看到純文字模式怎麼弄，可以再操作一次嗎？剛剛不小心分神了。」柯邦低下頭，不好意思地說。

「嗯……我相信伊森他們能為你完整的解釋剛剛的知識，我還有事要忙，先走一步了！」語罷，艾希教授匆匆關上辦公室的門繼續他退休前的沈思，那資安推理……一系列創作，忽而在腦海裡再次淨現。

「拜託，你很弱欸，連問問題都可以分心。你該不會在想電動的東西吧……」賴嘉調侃道。

大家因為賴嘉的調侃而哄堂大笑，「Secforensics」學院內又充滿了快活的氣氛，將遭受攻擊的陰霾一掃而空。

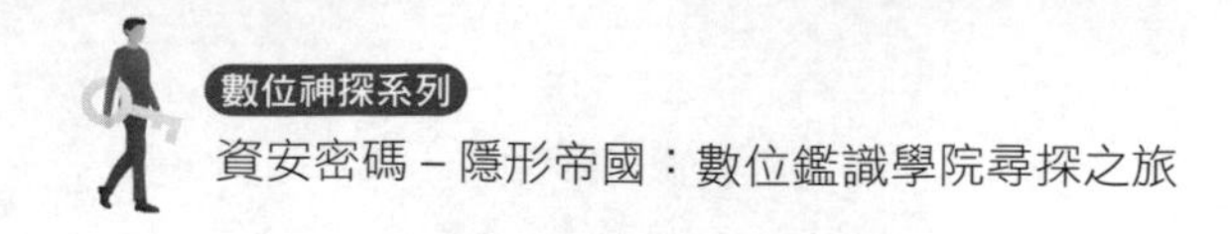

而此時，某個陰暗的房間內有人生氣的用拳頭敲壞了鍵盤。「可惡，惡意郵件入侵的計畫又失敗了，又得想其他的辦法探查佛倫鉅鎖的底細。下次只准成功，不許失敗！可惡……我們走著瞧……哼哼哼……哈哈哈……哈哈哈……」

5

CHAPTER

無人機，無人跡，無人稽？

校園內處處都掛滿了紅黃相間的旗幟，原來是佛倫鉅鎖下個月將舉辦一年一度的「菁探資」資安搶旗比賽，各個學院，例如「Secforensics」學院，「meta」學院，……等正在如火如荼的準備。伊森、賴嘉和阿邦也非常熱衷於這次的比賽，畢竟這是他們入校以來第一次參賽，而且冠軍的隊伍能得到豐厚的獎金。

「菁探資」資安搶旗是一項培養學生資安專長的比賽。比賽內容是由各學院設計各種攻擊程式來攻擊比賽用的電腦，而參賽學生必須找出攻擊程式的漏洞，並且移除攻擊程式，速度最快的隊伍獲勝。

由於這項比賽是一年一度，加上這是佛倫鉅鎖學生們一展長才的好機會，因此每年都戰況激烈。

為了爭取到好成績，伊森沒日沒夜地練習並搜集資料。這天，伊森在網路上搜尋有關惡意程式的文章時，偶然看到一篇「Meta」學院不久之前所發表的文章。文章的一開始，先是介紹了各類的惡意程式，有些是伊森沒看過的，所以他認為可能會對比賽有所幫助。但伊森越看越覺得不對勁，他發現這篇文章後半段實際操作的部分，跟前些時候和艾希教授一起討論的實驗結果非常雷同。

伊森認為這可能只是巧合，但還是有點不放心，於是他再瀏覽「Meta」學院發表的其他文章。看著看著，伊森心中越來越不是滋味，怎麼很多篇文章的內容都跟伊森之前研究的成果類似，於是他決定去向艾希教授說明此事。

正當伊森打開實驗室的門準備前往教授的辦公室時，賴嘉正好要來找伊森討論比賽相關的事情，不過看到伊森愁眉苦臉的，賴嘉馬上就意識到有什麼不好的事情發生了。

「嘿，伊森，你幹嘛一副好像別人欠你錢的臉？」賴嘉問道。

伊森一臉無奈地回答：「比那個還慘，我覺得自己的努力，好像都是在做白工。剛剛我在準備搶旗比賽的資料，看到「Meta」學院發表的文章，原本以為可以對比賽有所幫助，結果發現文章的實驗內容跟我們前些時候和艾希教授討論的幾乎相同⋯⋯」

話說到一半，賴嘉接過伊森的電腦，快速瀏覽了伊森所說的文章後，賴嘉也覺得有點不太對勁，接著跟伊森說：「你不說，我還以為這就是我們的論文。到底是誰這麼惡劣，我覺得這件事必須馬上告訴艾希教授。」

伊森和賴嘉決定先去找柯邦告訴這件事情後，他們一行人再一同前往艾希教授的辦公室。

這時的艾希教授正在悠閒的喝著咖啡和吃著蛋糕，享受著難得的午休時光。突然，伊森等人快速的敲著辦公室的門，「艾希教授！艾希教授！您在裡面嗎？」

原本艾希教授打算裝作不在，但伊森的語氣和艾希教授第六感神經中樞的預知直覺告訴他可能有什麼嚴重的事發生了。

「又又又怎麼了啊，這麼急著見我，你們是想多上一點課嗎？」艾希教授欲迎又拒的開了門，他不甚喜歡別人打擾他的獨處時間了。

伊森和賴嘉異口同聲地說：「艾希教授，很抱歉打擾您休息，但事情大條了，我們懷疑我們的另一個學院，「Meta」學院抄襲我們的實驗資料！」

艾希教授沒想到他們是要告訴他這件事，一時之間也說不出話來。等艾希教授反應過來後，他請伊森等人把他們認為有問題的文章給他看。

艾希教授看完文章後嚴肅地說：「嗯……這幾篇文章的確和我們的研究內容重複，而且我剛剛檢查了一下發表的日期，這些文章大約都在我們研究討論結束後的一個禮拜發表。嗯……伊森，真的有可能是如你們所說的，但光是這樣還不能證明「Meta」學院抄襲，我們需要更有力的證據。」

柯邦慌張地問：「艾希教授，怎麼樣才算是有力的證據？」

艾希教授回答：「例如犯案工具、犯案的地點和時間以及竊取資料後的儲存工具，這些都是能直接證明嫌疑人犯罪的有力證據。」

聽完艾希教授的話後，伊森一行人現在不知道該如何取得其他證據。

這時，午休結束的鐘聲響起，賴嘉想到待會還有其他的課要上，今天只好先討論到這裡，「艾希教授，那我們明天再來找您！」說完，一行人就匆忙地往教室方向跑去。

隔天一早，伊森等人迫不及待的要去找艾希教授繼續談論昨天的事。就在他們前往教授辦公室的路上，一架無人機低空飛過他們眼前，但好像離操縱者太遠，無法接收到遙控器的指令，有點搖搖晃晃的，不受控制。無人機最後撞上路旁一棵大樹後墜毀。

柯邦急急忙忙的跑過去將無人機撿起，仔細端詳了一下，「伊森，這架無人機就是我一直想買的那台欸！」柯邦興奮地說。「這架無人機要價不斐，我們最好在這裡等待主人來認領。」伊森也上前確認。

賴嘉雖然不願在這浪費時間，但也不想就這麼放著不管。

過了一陣子，始終沒有人來認領，他們決定把無人機一起帶去艾希教授的辦公室。

「艾希教授，我們在來的路上撿到了無人機，不知道該如何處理。」

艾希教授覺得疑惑，因為在佛倫鉅鎖未經許可是不能操作無人機的，於是他說道：「這就奇怪了，我最近並沒有聽到飛行無人機的申請。現在只能調查無人機的飛行紀錄，看起飛地點和降落地點，推測主人是誰。」

艾希教授接著說：「數位時代裡，許多資料的儲存、編輯，更加方便了，但是也更有機會被非法盜用，往往資料的移轉即是一瞬間的事，例如，複製即刻再貼上，手機拍照……瞬間資料可就四處可看到一模一樣的資料，呵呵……我已有些預感了唷！但我想先解決這架無人機的事情，因為我的第六感告訴我，這兩件事能有關聯。」艾希教授說完哈哈大笑。

伊森、賴嘉和柯邦有點無奈，但也沒辦法，畢竟艾希教授的經驗遠超出他們這些小毛頭。

安潔教授對於無人機的知識在佛倫鉅鎖可以說是最頂尖的，佛倫鉅鎖的無人飛行設備都是由安潔教授管理的，當然維修的工作也包括在內。於是，艾希教授帶著他們來到了安潔教授的辦公室。

「哦！是什麼風把你們吹到這來啦！」安潔教授說。

「我帶他們來『朝聖』的，哈，想請妳協助鑑識這架無人機，看看背後的主人是誰。」艾希教授笑著說。

安潔教授拿起無人機看了看，然後問了伊森、賴嘉和柯邦「你們知道無人機的基本架構是什麼嗎？」

伊森和柯邦互相看了一下，這時賴嘉搶著回答：「我知道！無人機的組成大致能分成六個部分，之前有特別去研究。分別是飛行器機架（Flying Platform）、飛行控制系統（Flight Control System）、推進系統（Propulsion System）、遙控器（Remote Controller）、遙控訊號接收器（Radio Receivers）和最後一個……雲台相機（Camera Gimbal）。」

安潔教授非常意外賴嘉能回答的那麼詳細，賴嘉這時也毫不隱瞞地說：「我還知道無人機有分『GPS 模式』跟『姿態模式』，這架無人機應該是開了『姿態模式』，所以才會操縱不靈，撞上樹幹的。」

安潔教授驚呆了，說道：「哇！既然你們這麼了解，那接著我就告訴你們如何針對一架無人機進行鑑識吧！」

安潔教授接著說：「這架無人機的名稱是 "DJI SPARK"，操作這架無人機首先須有智慧型手機安裝 "DJI Go 4 App" 來作為無人機的遙控器。」

「安裝完成後，我們就可以打開無人機的電源……，喔喔，糟糕，無人機好像沒電了，我們等它充完電再開始吧！」

眾人在安潔教授的辦公室休息片刻。

30 分鐘後，無人機電池有些電力後，安潔教授說：「那我們再重新開始吧！」

學生們圍到安潔教授身邊，「現在我們先以 "Wi-Fi" 連接這架機器，接著我們就可以透過軟體來操作，並得知有關這台無人機的相關資訊。例如：飛控序列號、電池序號及生產日期等等。來吧，大家來看看畫面上怎麼看飛控序列號以及電池序號。」

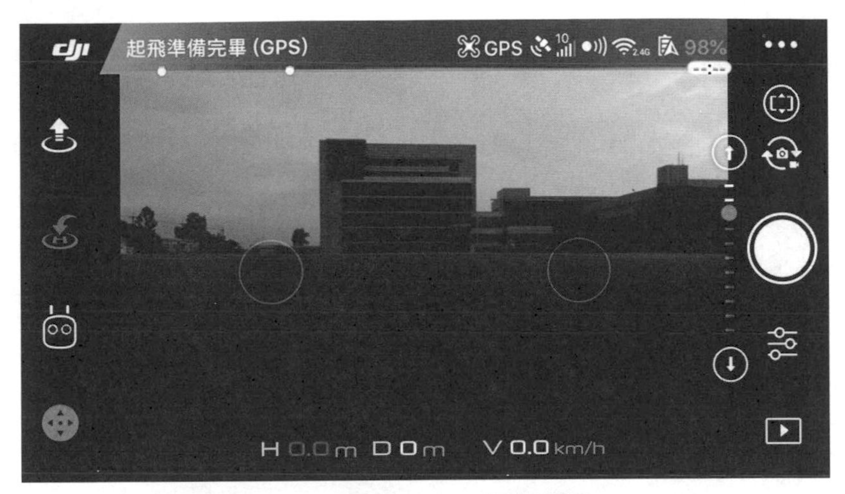

▲"DJI Go 4 App" 操作畫面

▲顯示飛控序列號

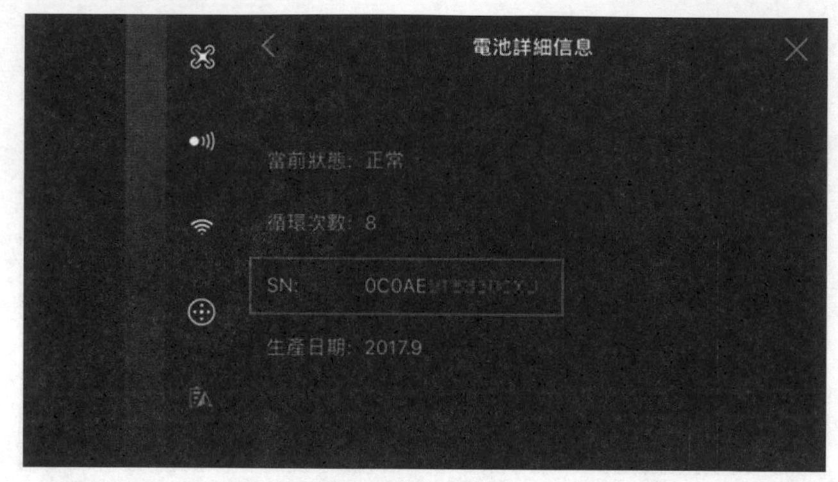

▲查看電池序號

眾人看著安潔教授熟練的操作著。

「教授，從這裡我們就可以得到滿多資訊了，但好像沒辦法尋找到特定人。」柯邦問道。

「沒錯，這些都是給一般使用者看的資訊，接下來才是正式進入鑑識的環節。」安潔教授首先在電腦上安裝 "DJI Assistant 2"，並告訴伊森等人：「"DJI Assistant 2" 是 DJI 無人機的管理工具程式，有了這個軟體，就可以看到更多隱藏的資訊並且執行更多功能，就像是變成了無人機的管理者。」

「那可以舉例嗎，定潔教授？」伊森對於執行額外的功能不是很了解。

「那有什麼問題。」安潔教授開始說明。

安潔教授一邊操作一邊解釋：「大家可以看到軟體的操作介面左方有一排功能列，這些就是額外的功能。首先，『Firmware Update』是對進行無人機韌體更新；『Data Upload』是將無人機內存的飛行紀錄下載至電腦；而『Black Box』是將無人機的黑盒子資料下載至電腦；至於『WiFi Settings』則是設定修改無人機的『Wi-Fi SSID』和密碼。透過這些功能我們可以得到平常得不到的資訊喔！」

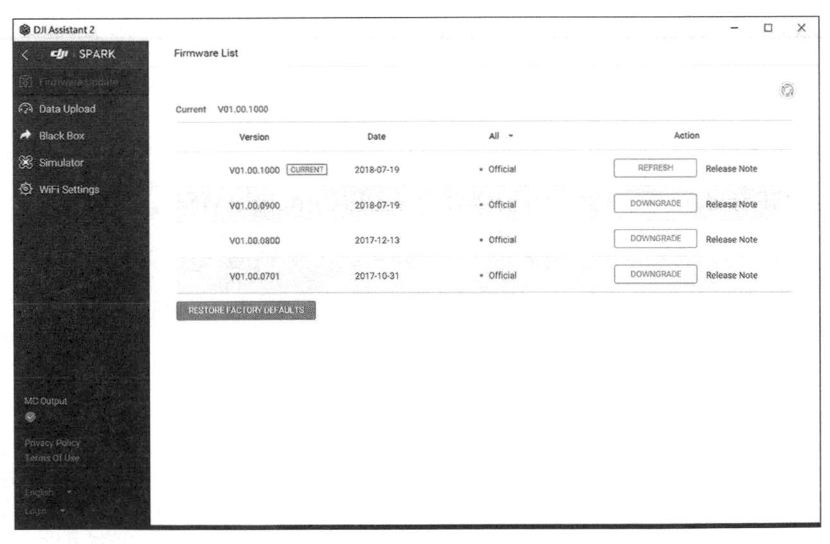

▲ DJI Assistant 2 操作畫面

接著，安潔教授請伊森等人仔細看清楚操作的流程。安潔教授在 "DJI Assistant 2" 上點選「Data Upload」下的 "Save To

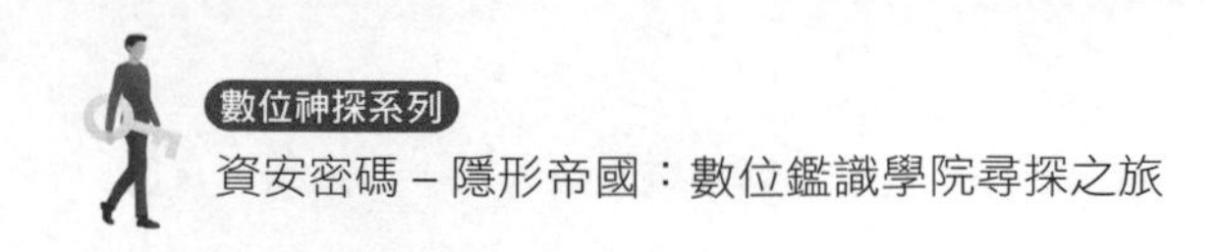

Local" 將飛行紀錄匯出成檔名為「DJI_ASSISTANT_EXPORT_FILE_yyyy-mm-dd_hh-mm-ss.FLY***.DAT」的檔案。

DJI Assistant 2
SPARK
Firmware Update
Data Upload
Black Box
Simulator
WiFi Settings
Data Upload List
Save To Local (2)　Report Data File

Flight Index	Date	Data File
8	2018/10/07, 15:41:00	372.85 MB
9	2018/10/07, 15:28:00	378.47 MB

▲ 使用 "DJI Assistant 2"

安潔教授說：「匯出的檔案屬於二進制檔案，我們可以使用『CsvView』程式開啟匯出的 CSV 檔案，得知相關的飛行紀錄。」安潔教授開啟檔案後，繼續說明，「CSV 檔共有 211 個欄位，其中透過欄位『GPS(0):Long』、『GPS(0):Lat』、『GPS: dateTimeStamp』以及『GPS(0):heightMSL』之資訊，分別可以得知經度、緯度、飛行時間以及高度。」

AR	AS	AV	AW
GPS(0):Long	GPS(0):Lat	GPS:dateTimeStamp	GPS(0):heightMSL
121.3534934	25.0476137	2018-10-07T07:20:18Z	270.101
121.3534934	25.0476137	2018-10-07T07:20:18Z	270.101
121.3534929	25.0476089	2018-10-07T07:20:18Z	270.102
121.3534929	25.0476089	2018-10-07T07:20:18Z	270.102
121.3534929	25.0476089	2018-10-07T07:20:18Z	270.102
121.3534929	25.0476089	2018-10-07T07:20:18Z	270.102
121.3534929	25.0476089	2018-10-07T07:20:18Z	270.102
121.3534929	25.0476089	2018-10-07T07:20:18Z	270.102
121.3534924	25.047604	2018-10-07T07:20:19Z	270.127
121.3534924	25.047604	2018-10-07T07:20:19Z	270.127
121.3534924	25.047604	2018-10-07T07:20:19Z	270.127
121.3534924	25.047604	2018-10-07T07:20:19Z	270.127
121.3534924	25.047604	2018-10-07T07:20:19Z	270.127
121.353492	25.0475993	2018-10-07T07:20:19Z	270.145

▲ 飛行紀錄

賴嘉發現顯示時間的欄位有些奇怪，便問了安潔教授：「教授，這個時間欄位的時間有什麼意義嗎？因為我看好像跟台灣的時間有些不太一樣。」

安潔教授回答：「不愧是賴嘉，我才在想說你們怎麼都沒問題呢。」

伊森和柯邦有點羞愧。

「這個時間欄位顯示的時區是 "GMT"，因此換算為台灣時間，需要加 8 個小時。此外，雖然從操作無人機的 "APP" 就可以得知飛控序列號，但我想告訴你們，其實從這個檔案也能看出來。只要透過欄位『eventLog』以及『Attribute|Value』內容的 "Mc ID"，便可得知。」

看到安潔教授的操作，伊森、賴嘉和柯邦都覺得非常帥氣。

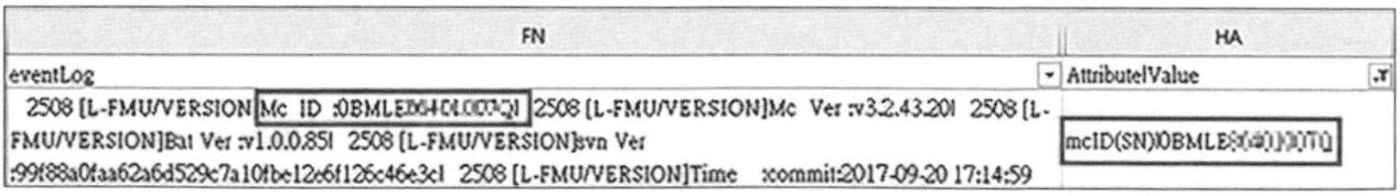

FN	HA
eventLog	Attribute|Value
2508 [L-FMU/VERSION]Mc ID :0BMLE[illegible] 2508 [L-FMU/VERSION]Mc Ver :v3.2.43.201 2508 [L-FMU/VERSION]Bat Ver :v1.0.0.851 2508 [L-FMU/VERSION]svn Ver :99f88a0faa62a6d529c7a10fbe12e6f126c46e3c1 2508 [L-FMU/VERSION]Time :commit:2017-09-20 17:14:59	mcID(SN)0BMLE[illegible]

▲查看無人機 SN 資訊

「安潔教授，那如果我們沒辦法從 "APP" 中得到想要的訊息，是否還有其他的方法，因為有可能 "Wi-Fi" 密碼被重新設定過，導致沒辦法成功連接。」賴嘉好奇的問。

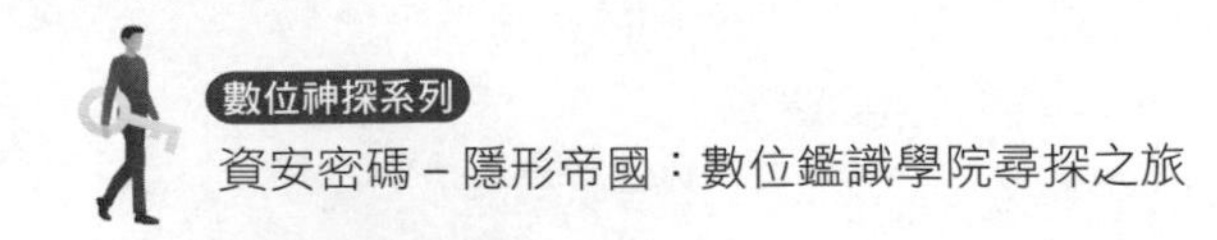

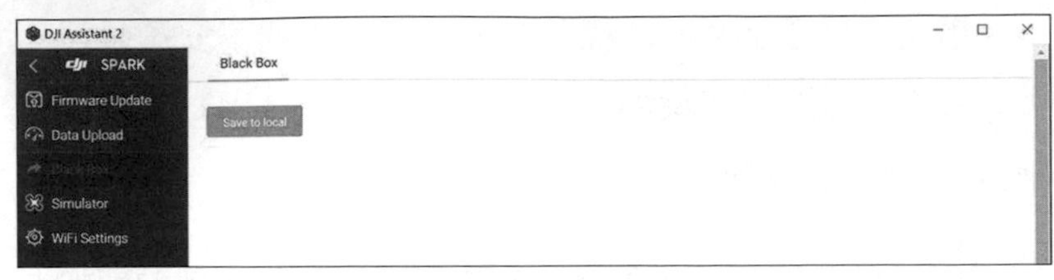

▲切換至「Black Box」畫面

名稱	類型	大小
1860_state	檔案資料夾	
panic	檔案資料夾	
tombstones	檔案資料夾	
fatal.log	文字文件	6,262 KB
kernel00.log	文字文件	678 KB
kernel01.log	文字文件	2,049 KB
kernel02.log	文字文件	2,081 KB
upgrade00.log	文字文件	1,651 KB
upgrade01.log	文字文件	2,157 KB
wifi00.log	文字文件	4 KB

▲找出無人機相關系統 Log 檔

這時，安潔教授點選了另一個功能「Black Box」下的 "Save to Local"，將無人機相關系統 Log 檔 匯出。

安潔教授回答賴嘉的問題 :「現在我就來為你示範吧。這個步驟匯出的 Log 檔為加密檔案，可以 使用『DJI_ftpd_aes_unscramble』程式來解密。其中，在『fatal.log』檔案內以『set_softap_config』字 串搜尋，就可以得到 "DJI SPARK" 無人機設定過的『Wi-Fi SSID』和密碼。另外，以『reset_ wlan_config』字串搜尋，還可得到 "DJI SPARK" 無人機預設之『Wi-Fi SSID』及密碼。如此一 來，就不用擔心不知道密碼的問題。」安潔教授得意地笑著。

伊森等人在一旁討論起來，複習著安潔教授剛剛所有的步驟。

「"Blackbox" 你們有聽過嗎？」安潔教授問大家。

「直接翻譯是黑盒子……咦？跟飛機的黑盒子一樣嗎？」賴嘉問。

「沒錯喔！我們下面所做的操作就很像工程人員在解密黑盒子呢！」安潔教授回答。

「這麼一說就更好理解了！」柯邦興奮的說道。

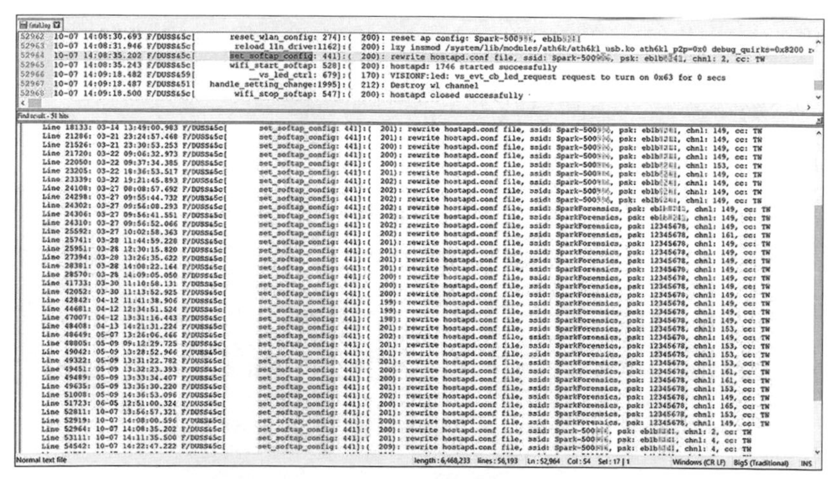

▲找出無人機設定過的「Wi-Fi SSID」和密碼

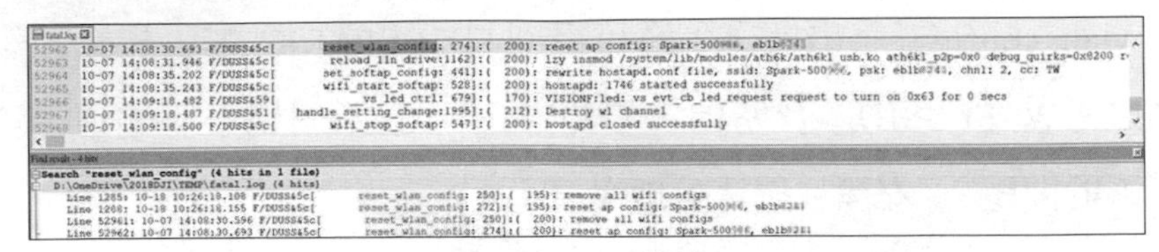

▲找出預設的「Wi-Fi SSID」和密碼

為了驗證剛剛的步驟，安潔教授請艾希教授檢視機身，對照是否和電腦顯示的相同。「嗯，的確是一樣的」艾希教授說。

安潔教授解釋道：「當機身上的資訊因為某些原因而無法判讀時，我們就可以利用這個步驟來得知。

伊森、賴嘉和柯邦都覺得非常神奇，而安潔教授看三人聽得津津有味，決定介紹另一個方法。

「除了利用軟體，我們也能用 "microSD" 內檔案進行鑑識。」

眾人聽到，眼睛又為之一亮。

「"DJI SPARK" 無人機攝影及拍照的檔案，都會儲存在 "microSD" 卡的「\DCIM\100MEDIA」資料夾內。若透過『ExifTool Version 11.13』程式、『ExifToolGUI Version 5.16』程式來讀取這些檔案，將可以取得檔案建立時間（Create Date）、

GPS 座標資訊（GPS Coordinats），而 Encoder 值為 "Dji AVC Encoder"，可判別檔案為 DJI 無人機所產生。」

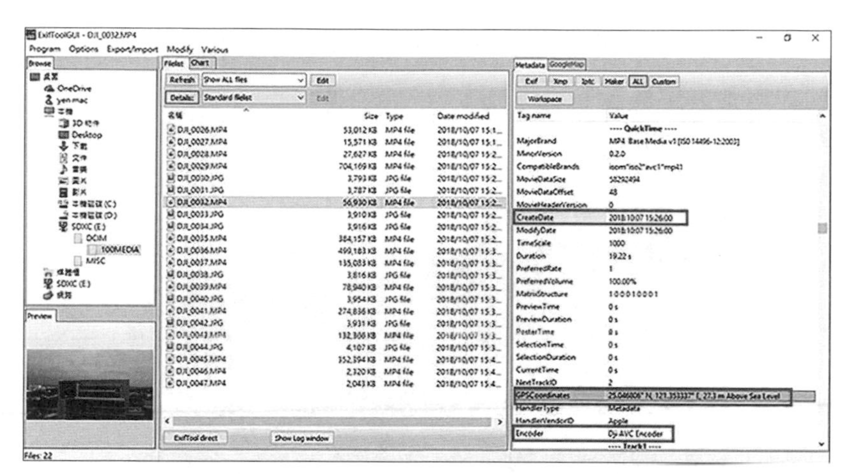

▲找出無人機拍攝檔案 Metadata 資訊

柯邦開始覺得資訊量有點太大了，安潔教授也有點累了。「那麼今天鑑識的部分先講解到這吧！」

說完後，伊森突然想到了一個問題，他得意的急著發問。「抱歉教授，我還有一個問題。」安潔教授非常樂意回答。「這樣看下來，無人機的許多資訊都能從這個軟體得知，但飛行紀錄的部分，這些密密麻麻的英文和數字實在是很難讓人理解，請問有能將飛行紀錄視覺化的方法嗎？」

安潔教授對於伊森的問題感到相當滿意。「當然有啊！」安潔教授又操作起電腦。

「我們可以利用剛剛說過的 "CsvView" 內的『GeoPlayer』程式將飛行紀錄視覺化。」

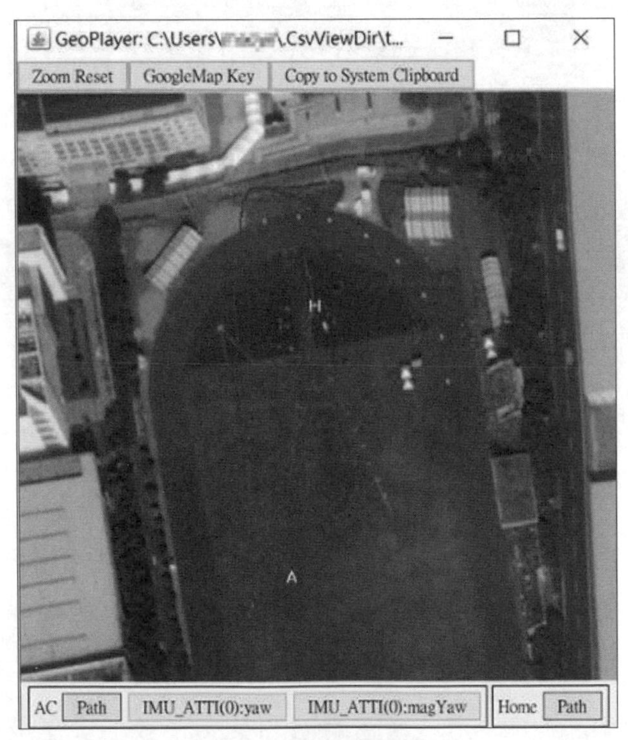

▲飛行紀錄視覺化

眾人看著視覺化後的飛行紀錄，覺得確實變得一目了然。這時，柯邦察覺到不對勁的地方。「這個飛行路徑都是在『Meta』學院和我們的實驗室之間，而且起飛降落都是在『Meta』學院，這麼說來這台無人機是『Meta』學院的人所擁有的嘍？」柯邦疑惑地說。

艾希教授和安潔教授一同確認。果真如柯邦所說，飛行路徑只有在這兩個地點往返。艾希教授馬上聯想到伊森昨天和他說的文章發表的事件，難到兩件事情真有關聯？

艾希教授把無人機的 "microSD" 卡拿出來讀取裡面的檔案。在所有檔案中，有個名為「ethan」的資料夾，艾希教授點進去後，裡面的內容證實了他的猜測。資料夾裡，都是照片和影片，更重要的是，這些照片和影片的背景都是在艾希教授的實驗室。其中一部影片更是紀錄了艾希教授和伊森等人的完整實驗流程。

艾希教授若有所思地說：「沒想到竟然意外地找到了犯案工具！」

伊森也有點不敢相信這台無人機竟和抄襲的事件有關，但證據都擺在眼前了，伊森認為這是命中註定的巧合，真相即將水落石出，嫌疑犯想躲也躲不了。

安潔教授不知道到底發生了什麼，只覺得事情好像很嚴重，「那我就幫忙到這，雖然不知道你們在調查什麼，但祝你們順利。這裡我來收拾就好。」

大家向安潔教授說了謝謝後，帶著無人機前往「Meta」學院，走著走著，向著佛倫鉅鎖的另一個「Meta」學院移動。

6

CHAPTER

揭開數位證據的神秘面紗

在安潔教授的辦公室，伊森等人因為無人機的鑑識，對於抄襲的事件開始有了頭緒。現在艾希教授帶著伊森、賴嘉以及柯邦來到了佛倫鉅鎖的其中一個學院—「Meta」學院的院長辦公室。

叩、叩、叩……「請進。」院長還不知道發生了什麼事。

「院長，能請教您一些事情嗎？」

艾希教授客氣地開了場說。

「說吧，什麼事得大家來我這裡。」

「『Meta』學院最近發表在網站上的文章，和我們實驗室近期的研究成果相似度頗高，我的學生懷疑這可能有雷同抄襲之嫌，希望院長能協助我們調查。」艾希教授盡可能壓住心心的波浪心情說著。

「Meta」學院院長聽了有點不開心，「或許這些都剛好只是巧合而已，你們怎麼能推斷是我學院這裡做這事呢？」院長也不甘示弱的說。

艾希教授第六感裡早料到院長會這麼回答，於是他拿出先前從無人機取下的記憶卡，「院長，不知道是否方便借用一下您的電腦。我想這裡面的證據可證實我們的推測唷。」

院長邊接過記憶卡邊說：「這種事，是很重要的議題希望你們得有明確的資料做提供並充份的討論呀！」

十分鐘後，「Meta」學院院長的表情從本來的信心滿滿變成愁雲慘霧。他不敢相信這種重要而且悠關學院信譽的事情竟然會發生在自己的學院。「從記憶卡裡的資料來看，我不得不承認所有的事實都對你們的說法比較有利。說吧，你希望我怎麼協助你調查這件事，艾希教授。」

「院長，這台無人機的型號是 "DJI SPARK"。想麻煩院長調查一下貴學院擁有這種型號的無人機的同學或教授最近是否有未經許可擅自飛行的紀錄。我們想從這些人開始了解。」艾希教授已經想好策略了。

「"DJI SPARK" 啊，我記得擁有這種無人機的人不多，讓我查一下……有了！這個型號的只有『喬安』同學在使用。」

眾人聽到「喬安」這個名字一點都不意外，因為喬安平常就愛跟伊森等人作對，在許多教授眼中也是個令人頭痛的學生。「Meta」學院的院長也知道在院裡有這麼一個特別的學生。

「艾希教授，我想還是應該要親自詢問本人比較妥當。馬上請喬安同學來辦公室一趟。」院長急忙派人通知喬安。

喬安那對於這起事件好像不是非常在乎，他以最悠閒的步伐走進院長辦公室裡。

「請問有什麼事嗎，院長？」喬安裝作不知情。

「你對於使用無人機竊取伊森他們的實驗計畫和研究成果有什麼想解釋的。」院長直接問喬安。

「哦！這麼快就被發現了啊！是我做得沒錯，但我也不過是聽命行事。」喬安囂張地說。

艾希教授對喬安的態度感到不悅，接著說：「我會讓你得到應有的處罰的。」

喬安不以為意。

「Meta」學院院長接著說：「你說你是聽命行事，那主謀是誰？」

喬安回答：「我沒辦法告訴你。」

院長表示無奈，因為這樣也問不出個結果。

院長想了想，拿起電話和另一頭商量了一下後，對喬安說：「我已經聯絡『哈尼帕』的調查官來蒐證了，既然你不供出主謀，我們只好自己找出來。你也是時候該學一點教訓了。若調查結果認為證據充足，你得接受裁法後的處份，你可知這種事件對人格、信譽，是非常大的損傷，將會在你人生路上得付出很大代價的呀！喬安。」

柯邦沒想到事情變得這麼難以收拾，開始發抖，而伊森和賴嘉只是生氣地看著喬安。

下午，一群來自「哈尼帕」的調查團隊來學院進行蒐證。喬安被要求交出手機並待在「Meta」學院院長的辦公室裡。

在蒐證的同時，賴嘉好奇地問艾希教授：「教授，他們要怎麼找出背後的主謀呢？」

艾希教授說：「一般會先針對喬安手機內的通訊軟體進行數位鑑識，找出被竊取資料的傳送紀錄，針對傳送的目的地推測主謀的身分。」

賴嘉接著問：「那進行數位證據的鑑識有什麼需要注意的事嗎？」

「當然有了。」艾希教授拿出手機給三人看，「這是我之前到校外演講做得簡報，剛好主題就是數位鑑識。那我就重新說明一次吧。」

「首先，你們知道什麼是『ISO/IEC 27037』嗎？」

三人對這一串數字是既陌生又熟悉，因為常常聽到教授們說，卻又不太清楚它的意思。

「『ISO/IEC 27037』就是數位證據處理程序的國際標準，這個標準所提出的數位證據處理程序分成四個階段，分別為『識別階段』（Identification）、『蒐集階段』（Collection）、『萃取階段』（Acquisition）以及『保存階段』。現在所有的數位鑑識流程，都必須遵照這個規範，才會被視為是合法且有力的證據喔。」

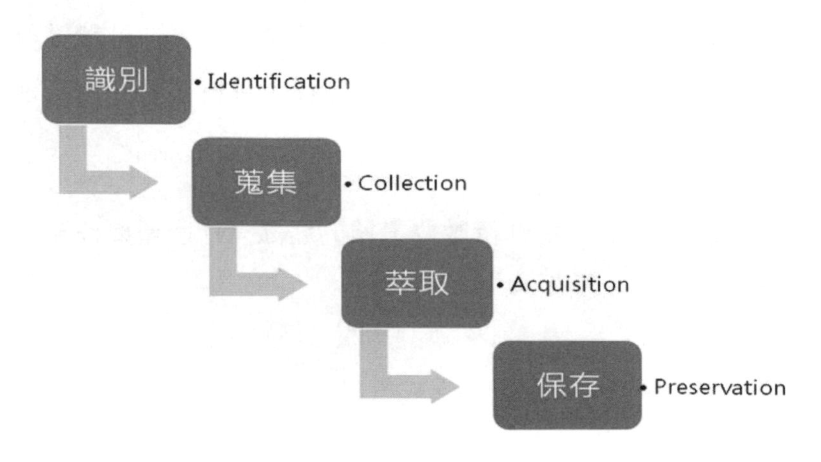

▲「ISO 27037」數位證據處理流程

「原來要注意這麼多事啊！」賴嘉看著簡報說

「是啊，那我來稍微解釋一下各階段的作用吧！」艾希教授將簡報拉至下一頁。

「首先，『識別階段』是要尋犯罪現場之數位證據和非數位證據。可能含有潛在數位證據的電子設備包括電腦系統、數位相機、硬碟、記憶卡等等，同時也必須注意是否有揮發性的數位證據存在。說到這，剛好來考你們還記不記得什麼是揮發性資料。」

伊森搶著回答：「揮發性資料就是設備關閉電源後，就會消失的資料。」

「伊森答的很好，看來是上課都沒睡著喔。那你能舉例嗎？」艾希教授接著說。

伊森得意的說：「當然囉！最基本的就是主記憶體啦！另外 "cache" 和 "register" 也是！」

艾希教授說：「沒錯！再來接著介紹『蒐集階段』，在此階段，處理人員會優先針對具揮發性的數位證據進行蒐集，並考量當時的情境、蒐集成本和時間等實際情況，採用最合適的蒐集方法，同時將蒐集過程詳細記錄，確保所蒐集的數位證據具有證據能力。蒐集完成後還必須針對這些證據進行處理，也就是下個階段，在『萃取階段』我們將蒐集的數位證據資料拷貝成完全相同的備份檔，並對其進行萃取和動作。面對不同的裝置和檔案系統，必須選擇適當的萃取方式，同時記錄所使用的方法及動作，維持證物的完整性。」

在一旁的調查官說：「哎呀，簡單來說就是，蒐集著重現場的取證，萃取就是通常會帶回實驗室去，用工具或軟體進行鑑識啦！」

賴嘉和伊森點點頭，謝過恰來詢問艾希教授的調查官的補充說明。

這時柯邦想起之前艾希教授好像有在上課說過類似的專業術語，但想不起來完整的內容，正感到苦惱。艾希教授見到柯邦愁眉苦臉的樣子，便問道：「怎麼啦，有問題可以隨時提出。」

「教授，之前在課堂上是不是有解釋過相關的技巧？記得那時候好像有說到還可以細分成兩種，但我有點不確定。」賴嘉和伊森也想起卻有此事。

「哦，還以為柯邦上課都在偷打電動沒在聽課，沒想到這麼細節的部分倒是有聽進去。」艾希教授語帶調侃的說。「沒錯，萃取方式分為兩種，一為『邏輯萃取』（Logical Acquisition），另一為『實體萃取』（Physical Acquisition）。

『邏輯萃取』是透過與手機作業系統的互動，取得手機內的邏輯性資料。『實體萃取』則是利用 "bit-by-bit" 的方式將手機記憶體中所有的位元進行複製，因其中包含易被忽略的未配置空間，故有機會將遭惡意刪除的資料還原。」

「欸……？ "bit-by-bit" ？好熟悉呀……完了我金魚腦又上身了，我保證我那時候沒打電動……可是……啊我……唉呀！想不起來了……」柯邦一臉苦惱。

賴嘉又調侃了柯邦：「少來，沒在玩時腦袋肯定也在想遊戲。」

艾希教授看著同學們鬥嘴，覺得他們很可愛，也覺得同學的良好互動是學習的重要催化元素之一，所以也就放任他們無厘頭的嘻鬧，艾希教授接著回答道：「"bit-by-bit" 就是不用檔案複製的方法啦，是直接把硬碟裡面的每個儲存格的內容等如實寫到備份設備上。這麼做可以把一些壞掉打不開的檔案，或是儲存時的相關資料到一起帶回進行鑑識。」

「啊對啦對啦！我想起來了。」說完柯邦向賴嘉嘟起了嘴「哼」了一下。

艾希教授突然想到自己還有一步沒有講完，於是說：「言歸正傳，我們處理完證據後，就進入最後一個部分，也就是

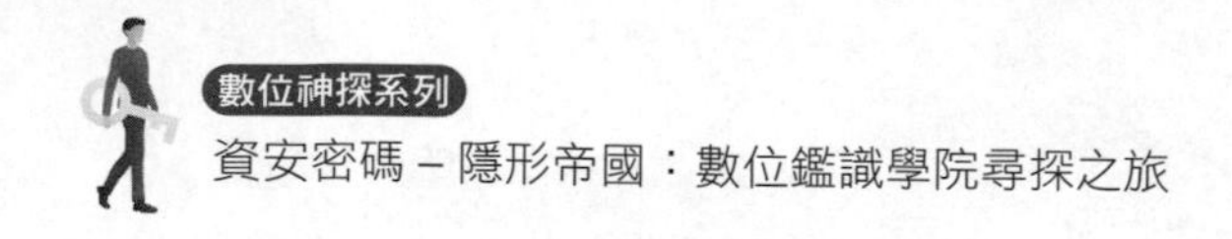

『保存階段』。『保存階段』開始於蒐集階段並結束於案件終結，經萃取出的數位證據必須進行妥善保存，而且要採用最適當的程序包裝、運送、儲存數位證據，避免證據遭改變、遺失、破壞或毀損，以確保該數位證據在法庭上的證據能力。」教授說完後，一伙學生們感覺像是又上了一堂課。「這四個步驟都很重要，你們要好好把它背下來。」

伊森、賴嘉和柯邦匆忙地把手機及筆記本拿出來紀錄剛剛聽到的內容。

介紹完各階段後，調查官好像也進行完蒐證了。艾希教授、院長和調查官在辦公室討論了一下後，調查官就帶著證據離開了。

伊森、賴嘉和柯邦看著調查官蒐證的模樣覺得非常帥氣，也很好奇他們是怎麼取得那些證據的，於是又向艾希教授問道：「教授，可以再跟我們介紹他們是如何進行鑑識的嗎？」

「你們還真是好學。對了，你們等等都沒課嗎？」艾希教授調侃似的說著。

「剛好都沒有。」

「好吧！既然如此，我就再講解一下這部分。我們一起回我辦公室吧。」

回到艾希教授的辦公室後，他告訴三位同學：「剛剛調查官跟我說，喬安的手機作業系統是 Android，而且他最常用的通訊軟體是『Kik』。雖然他們沒有說明鑑識過程，但從這些資訊，我可推知他們的處理方法。」

三人以崇拜的眼神看著教授。

「做這項手機鑑識，可能利用到的工具有 "ADB" 及 "Cygwin" 模擬器。首先，"ADB"（Android Debug Bridge），是一項常被 Android 程式開發者用來檢測程式有無執行錯誤並進行除錯的軟體工具；而 "Cygwin" 模擬器主要用於在各種版本的 Microsoft Windows 上執行類 UNIX 系統指令。透過重新編譯，將 "POSIX" 系統上的軟體挪用到 Windows 上使用。」

「"POSIX" ？」賴嘉疑惑的說。

伊森幫教授補充道：「就是可移植作業系統介面，例如 Linux 就是。」

伊森想起這些工具之前上課的時候都有操作過，所以並不陌生。

「我們在使用 "ADB" 工具進行『邏輯萃取』時分為四步驟，我記得之前上課的時候好像有請你們特別記下來，有誰還記得嗎？」艾希教授問大家。

柯邦默默地說了一串：「開啟、執行、解壓和分析。」

伊森、賴嘉和艾希教授很驚訝柯邦能說得出來。

「真的是深藏不露啊，柯邦。沒錯，就是這四個步驟，講完整一點就是，開啟偵錯模式、執行 "ADB" 指令、解壓備份檔以及分析數位證據。」教授說：「正好借這個幾會，把課堂上的東西拿來應用，你們可要仔細聽好喔。」

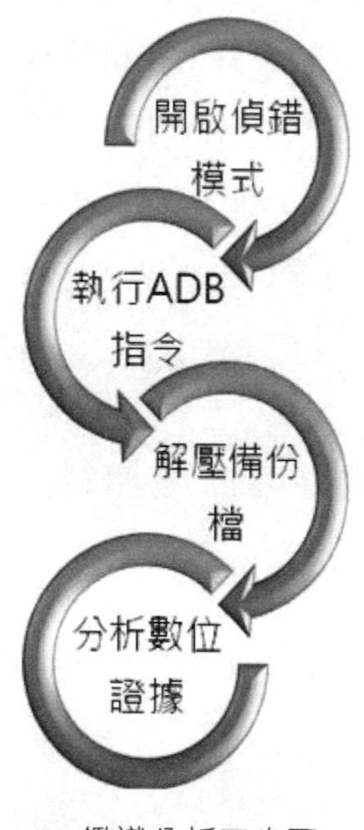

▲ 鑑識分析四步驟

「首先，我們要開啟偵測模式時，必須先開啟 USB "Debug Mode"（USB 偵錯模式）才能執行 "ADB" 指令，藉以萃取『Kik』的通訊紀錄。而要開啟 USB 偵錯模式，就須先開啟開發人員選項。我以我自己的這台 Android 系統手機為例。依序點擊『設定→關於→軟體資訊→版本號碼』，連點七下後，就可以開啟開發人員選項，再來只要勾選 USB 偵錯模式就可以了。」艾希教授說著，一邊從有放置超過 20 部手機的書架上拿起其中一部手機，並重複他剛剛的操作。

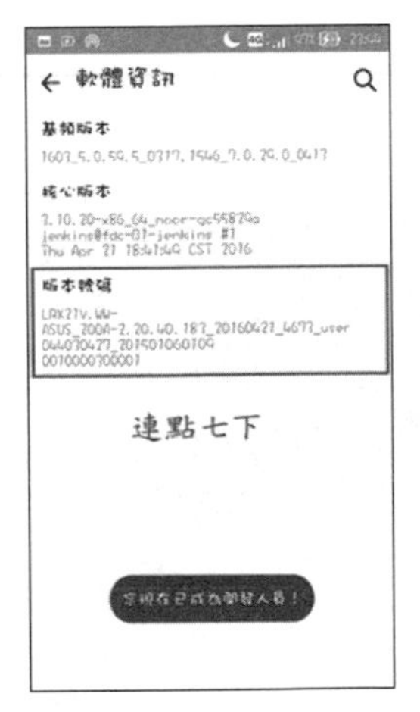

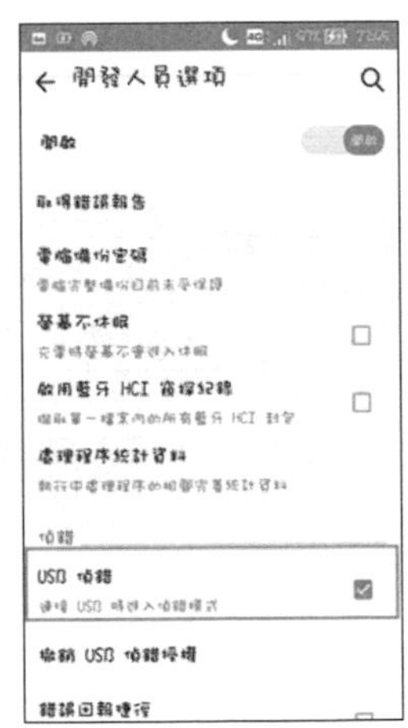

▲ 開啟 USB 偵錯模式流程

「開啟後便可執行 "ADB" 指令。這裡需要注意的是，為了遵守『ISO/IEC 27037』標準，透過不破壞手機內數位證據的 "ADB" 指令，必須先將嫌疑者手機中的 "Kik App" 資料備份到電腦並成為一個備份檔。」這時教授又拿出自己的筆電。

伊森說：「要怎麼備份啊？」

艾希教授嘆了口氣：「等一下啦……不要急好嗎……」這讓伊森羞愧的低下了頭。

「備份完成後，打開電腦裡的命令提示字元來執行 "ADB" 指令。執行『備份單個 APP』，輸入 "Kik App" 類別名稱（kik.android）、檔名（kikbackup），檔名不得有空格或非英文字元，否則會產生錯誤。」

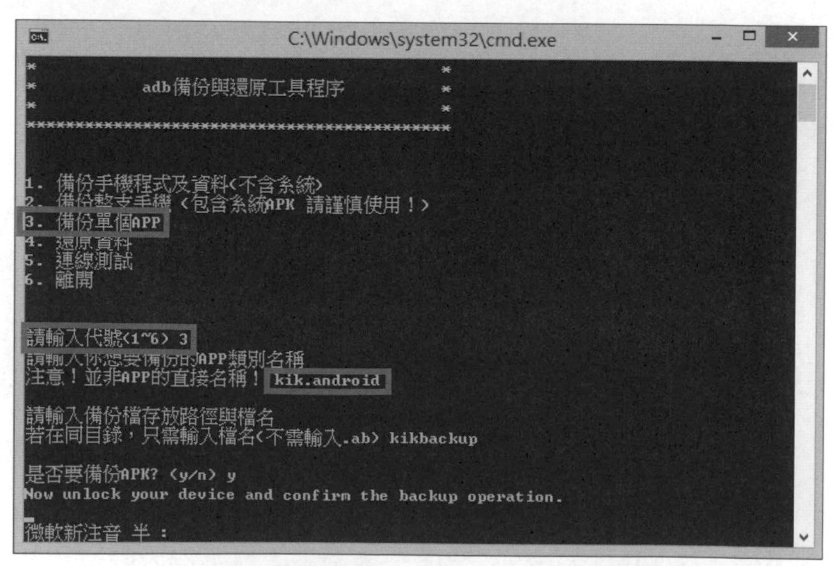

▲選擇備份內容、存放檔名以及路徑

「然後輸入存放的目錄、是否備份 APK 資料以及得於手機端做確認是否備份之要求。」

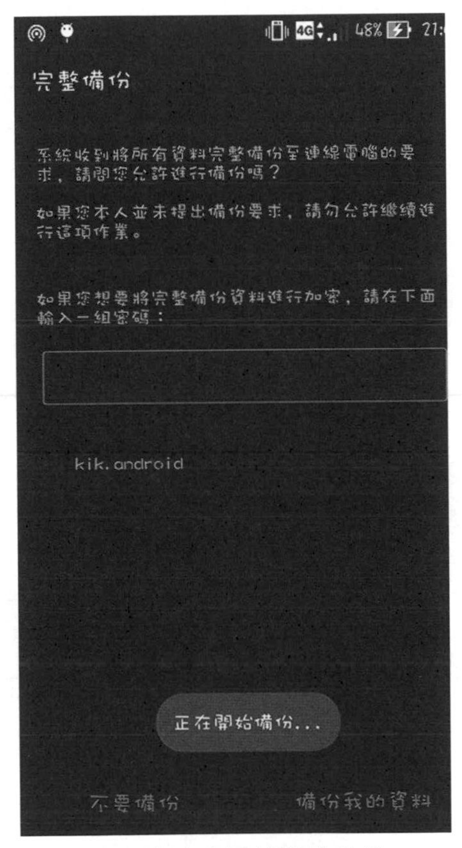

▲ 手機端確認並開始備份

「簡單來說，就是為了不違反國際標準，影響到證據能力和證據力，所以將其備份來進行操作。」賴嘉想了一下剛才教授的操做流程，整理的結論。

「大致上是這樣沒錯。」艾希教授肯定地說。

「我們執行 "ADB" 指令後，接下來就是解壓備份檔。針對的 Kik 備份檔，我們利用 "Cygwin" 模擬器進行解壓縮。這邊的話，分為兩個步驟第一步先將檔案複製到 "Cygwin" 裡面。

將上個步驟所備份的 Kik 備份檔複製到 "Cygwin" 資料夾裡的「home\(使用者名稱)\」底下。

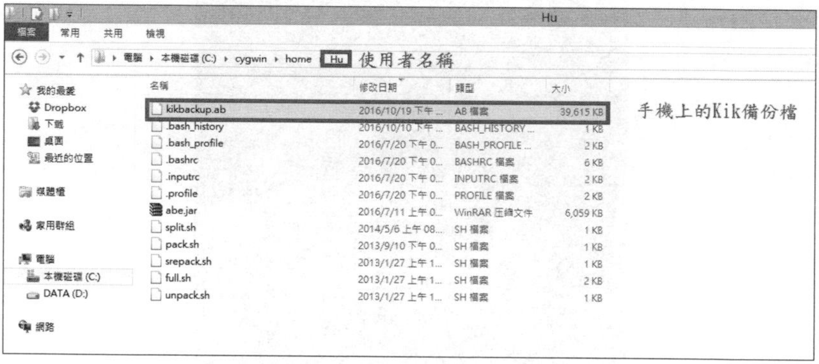

▲將檔案複製到 "Cygwin" 內（Hu 為使用者名稱）

「步驟二，把運行腳本解壓備份檔，並啟動 "Cygwin" 模擬器，並輸入「./unpack.sh」指令，解壓 Kik 備份檔。一開始會先要求輸入 "ab" 檔的檔名（不必輸入 .ab 副檔名）。輸入後，若該 "ab" 檔本身有設密碼，請輸入密碼，若無就留空，如圖所示。接著，"Cygwin" 模擬器便會開始解壓備份檔。

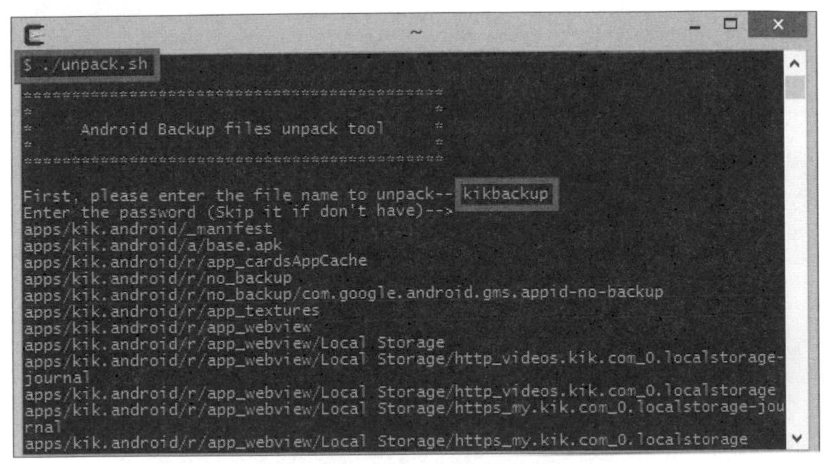

▲運行腳本解壓備份檔

「解壓完成後，可在剛剛的使用者名稱資料夾底下看到一個名為 "apps" 的資料夾以及一個與備份檔同檔名的 ".list" 檔案（".list" 檔為此次解壓縮的紀錄檔），而點進 "apps" 資料夾，就會看到所備份出來的通訊軟體備份檔名稱是 "kik.android"。」

艾希教授停在這，留給伊森等人思考一下，順便喝了口水。

「最後一個步驟，分析數位跡證，打開 "kik.android" 資料夾。資料夾裡面便是剛剛解壓縮的 Kik 備份檔，發現有五個資料夾，分別為 "a"、"db"、"f"、"r" 以及 "sp"，大家看清楚了嗎？」

伊森和賴嘉、柯邦都看的目不轉睛，覺得整個過程好像魔術一般。

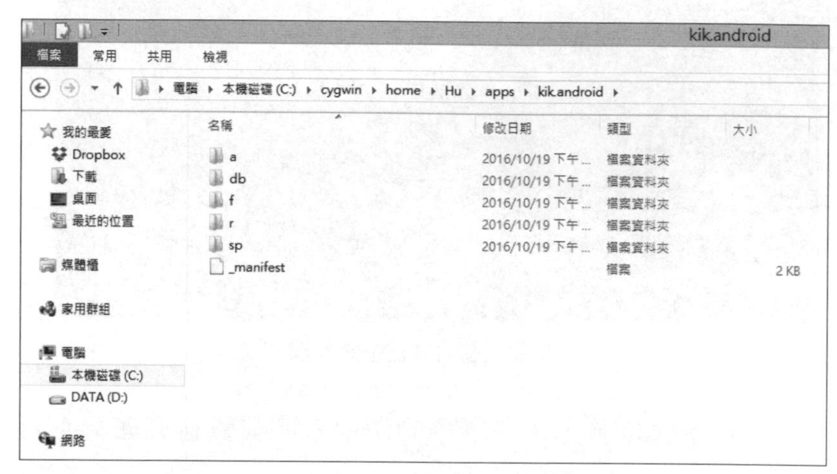

▲ Kik 備份檔經解壓後之內容

「而各個資料夾所存放的內容，就像旁邊這張表所示。」

資料夾名稱	所存放的內容
a	存放 Kik 的 apk 檔
db	存放 Kik 的各種資料庫
f	存放 Kik 中的各種 Log 檔，用來偵錯
r	存放 Kik 中的瀏覽網頁時所用到的 Cookies 檔
sp	存放各種 XML 檔，其提供一個跨平台的機制，用來處理包含各種型態的資料

▲資料夾所存放內容

「注意一下 "db" 資料夾，裡面存放著各式儲存 Kik 資料的資料庫，其包含對話紀錄的資料庫，因此就打開 "db" 檔做分析，發現其內的 "kikDatabase" 這個資料庫檔案內記錄該 Kik 帳號中的好友名稱、對話紀錄等有關使用者的資料庫。所以，此次的目標則是 "kikDatabase" 這個含有對話紀錄的資料庫。而透過資料庫分析軟體 "SQLitebrowser"，開啟 "kikDatabase" 資料庫，點選瀏覽資料，選取「message Table」資料表，從「body」欄位即可查看嫌疑者在 Kik 內的對話紀錄。」艾希教授邊說邊操作著。

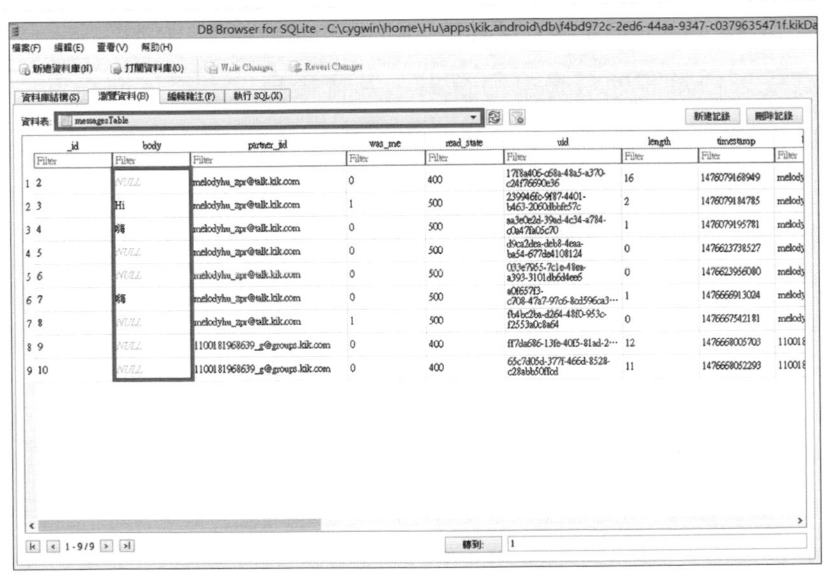

	_id	body	partner_jid	was_me	read_state	uid	length	timestamp	
1	2	NULL	melodyhu_zpr@talk.kik.com	0	400	17f8a406-c68a-48a5-a370-c24f76690e36	16	1476079168949	melody
2	3	Hi	melodyhu_zpr@talk.kik.com	1	500	239946fc-9f87-4401-b463-2060dbbfe57c	2	1476079184785	melody
3	4	嗨	melodyhu_zpr@talk.kik.com	0	500	aa3e0e2d-39ad-4c34-a784-c0a47fa05c70	1	1476079195781	melody
4	5	NULL	melodyhu_zpr@talk.kik.com	0	500	d9ca2dea-deb8-4eaa-ba54-677de4108124	0	1476623738527	melody
5	6	NULL	melodyhu_zpr@talk.kik.com	0	500	033e7955-7c1e-48ea-a393-3101db6d4ee6	0	1476623956080	melody
6	7	嗨	melodyhu_zpr@talk.kik.com	0	500	a0f657f3-c708-47a7-97c6-8cd596ca3…	1	1476666913024	melody
7	8	NULL	melodyhu_zpr@talk.kik.com	1	500	fb4bc2ba-d264-48f0-953c-f2553a0c8a64	0	1476667542181	melody
8	9	NULL	1100181968639_g@groups.kik.com	0	400	ff7da686-13fe-40f5-81ad-2…	12	1476668005703	11001
9	10	NULL	1100181968639_g@groups.kik.com	0	400	65c7d05d-377f-466d-8528-c28abb50ffcd	11	1476668052293	11001

▲「message Table」資料表裡的對話紀錄

「我想這就是調查官們進行蒐證的過程，這樣你們看懂了嗎？」

「真的是太好玩了！」柯邦搶著說。

伊森和賴嘉也這麼覺得。這和他們上課所學的又有些不同了。真的把上課所學應用到實務上的機會對伊森等人來說實在不多，因此他們聽完魔術般的介紹後，覺得非常有趣。

一個禮拜後，「哈尼帕」的人又來到學院了。他們查驗了相關證據後，確信喬安跟這起事件脫不了關係，所以要把喬安帶回「哈尼帕」進行訊問。經過抽絲剝繭的詢問過程後，喬安鬆口承認他只是奉命行事，其背後另又主謀，而從喬安的供詞中得知背後的主謀就是駭克魔。

這件事隔天就被登上新聞，成為了眾所皆知的事件。

伊森得知消息便趕緊告訴艾希教授。

「這件事總算可以告一個段落了，查到真正的藏鏡人是誰，但我沒想到竟然是駭克魔在搞鬼。伊森，我想之後我們得加強學院的資訊安全技術了。」艾希教授總算稍鬆了一口氣，放下心中的石頭，不過駭克魔最近動作頻繁，艾希教授的第六感裡知道之後會有更嚴重的事情發生，畢竟駭克魔可不是那麼簡單就能擺平的人物。但現在得先導引這些好奇，有潛力的學生做好萬全的準備與紮根的訓練，至少暫時駭克魔不會再出手了。

「走吧，我們繼續準備做比賽的訓練吧！」話說完，艾希教授帶著伊森前往實驗室繼續準備「菁探資」資安搶旗賽……

7
CHAPTER

網站惡魔照妖鏡

伊森是積極參與校園活動的學生，無論是校內各項運動比賽，或者藝文競賽，都能發現伊森活躍的身影。為了把握每一個能參加競賽的機會，伊森三不五時就會瀏覽學院的官網，確認是否有新的活動可以參加。

但是最近，伊森有一個困擾：進學院官網查看最新的消息，想要進入公告的網址，卻時常跳出奇怪、不相關的網站，甚至前往惡意網站。伊森不勝其擾，於是尋找艾希教授，想要一探究竟，到底學院的網站發生了什麼樣的錯誤。

「教授，方便打擾一點時間嗎？」伊森問道。

「怎麼了，伊森，總感覺在你身邊總是可以發生很多不得了的事情。」艾希教授揶揄道。

的確，自從伊森入學以來，佛倫鉅鎖裡的資安問題頻傳，好像伊森真的能吸引各式問題。

「十分抱歉，教授。我無意造成各位師長的困擾，但不知怎麼的，我總是與問題很有緣份，許多奇奇怪怪的事情都會找上門。像是現在，我已經連續好幾次想要點進學院活動的網站，但是打開後，盡是一些奇怪的廣告，甚至有危害個人資料的風險。到底為什麼會發生這樣的情況呢？」伊森滿臉疑惑的發問。

「等等，你說點進學院公布的網址，卻被導入其他的網站，還有可能危害你的個人資料？」艾希教授精神一振，腦中似乎回憶起多年前，有一樁類似的案件發生……。

「教授，教授，您還好嗎？」伊森看著神情恍惚的艾希教授，擔心地問道。

「伊森，你有在學院歷史書籍裡讀過類似的事件嗎？」艾希教授回過神來，反問伊森。

「請問是什麼時候的事件，之前學院有發生過網站出現錯誤而導向其他網站的情形嗎？」伊森疑惑的說。

「大概在 10 年之前，學院網站也曾被惡意人士更改設定，除了在網站上插入惡意程式碼，也修改了正常的連結。當時的作法是利用惡意程式碼控制了多數學生的資料，導致學院運行出錯。這個嫌疑人甚至勒索學院，揚言要把學院重要機密資訊公開。幸好到最後該人順利被揪出來了，風波才得以平息。」

「嫌疑人是之前曾經是校內為數不多的資安天才，而且他求知若渴，以前的他就像現在的你，積極參與校內外舉辦各式活動競賽，也屢獲佳績，甚至有機會被評選為校內最有影響力的人物之一。但在一念之差下，他誤入了歧途，犯下了這個不可饒恕的罪行，進而墜入萬劫不復的深淵……」艾希教授提起陳年往事。

「那後來這位學長……怎麼了呢？」好奇的伊森問道。

「自從案件被查明後，這位學長就被逐出佛倫鉅鎖，因此，已經十年沒有他的音訊了……」艾希教授回答。

伊森聽得很投入，臉上也流露出惋惜的表情。

「這件事件嚴重損害學院的校譽，而且造成許多當事學生的慘重代價及陰影。因此，校方及多數人大多選擇避而不談。但是，同樣的狀況再度發生，我們不能讓歷史再度重演。」艾希教授再度補充。

「來吧，伊森，我們一起著手調查，看看是誰這麼膽大包天，敢在太歲頭上動土，竟然在學院的官網搗亂！」艾希教授說道。

「我們有哪些資源可以利用，來防止網站的攻擊呢？」抓到學習機會，伊森眼神一亮，馬上追問。

「先介紹這次可能遇到的攻擊手段吧。」艾希教授說。

「好咧！」伊森爽快地說道。

「『Google Chrome』的官方網站上說明，這個瀏覽器在無痕模式下，並不會儲存易洩漏隱私的瀏覽紀錄、下載清單、"Web Cache"、"Cookies"、自動填入表單及帳號密碼等資訊喔。」艾希教授先初步說明了無痕模式給伊森聽。

「我知道！這個功能我也常常用」伊森興奮的說道。

「很好，那麼 這次使用的叫做跨網站腳本攻擊，也就是"Cross-Site Scripting"（XSS）是常見的 Web 應用程式攻擊手法，為程式碼注入的一種。主要是由於 Web 應用程式在開發的過程中設計不良或者疏於檢查，導致 Web 應用程式存有漏洞，而使得攻擊者能夠透過注入使用者端腳本語言喔！」艾希教授告訴伊森。

「哦，原來這是屬於程式碼注入的一種攻擊呀！我記得我之前在易杉校長在介紹 TOP 10 OWASP 的時候有介紹過，我後來去他們網站上有看過關於這個介紹！」伊森說。

「原來你有聽過啦，真不簡單，你說的沒錯，像是"VBscript"、"JavaScript" 等惡意程式碼，讓使用者在瀏覽網頁時，會自動執行攻擊者所注入的惡意程式碼。是不是很可怕呢？」艾希教授說道。

伊森也點點頭表示理解，但他也產生了一個疑問，於是他問艾希教授：「這個縮寫是 XSS 不是 CSS 呀？」

「喔，因為 CSS 已經是指網頁設計美編的一種語言啦，算是網頁設計三元素之一，全名是 Cascading Style Sheets，所以我們採用 XSS，避免混淆。」艾希教授解釋著。

伊森說：「原來如此！」

艾希教授於是繼續介紹：「依據其攻擊類型，主要可區分兩大類型，分別是需要使用者點擊特定連結的反射攻擊（Reflected Attack）以及因瀏覽已植入惡意語法之網頁的持續性攻擊（Persistent Attack）。」

伊森說：「喔？那這兩個差別是什麼呢？」

艾希教授有點不耐煩地說：「好啦，我正要講了，你不要急啦。反射攻擊又稱為非持續性（Non-persistent）攻擊，主要是指惡意的網頁並非存在於目標網站中，而是被動地需要使用者點擊觸發。」

伊森反應很快的說：「喔，就像是攻擊者透過傳送電子郵件，藉由吸引人的標題和內容，像是精品線上特賣會等等資訊，誘使使用者點擊信件中的網址，而此網址所導向的網站，就是攻擊者所製作的惡意網站。當使用者欲購買商品時，所輸入的個人資料甚至信用卡資訊，便會落入攻擊者手裡，這樣算嗎？」

艾希教授說：「你舉的就是一個很典型的例子，不錯喔，但你還是先等我一起介紹完另一個之後你再發問好嗎……呵呵……」艾希教授略顯無奈。

伊森覺得很不好意思，於是比了一個把嘴巴拉鍊拉上的手勢。

艾希教授接著說：「持續性攻擊又稱為儲存性 XSS（Stored XSS）攻擊，主要是指所注入的惡意程式碼，被儲存在目標網站的伺服器中，此種攻擊手法常見於網站內留言格式不拘的留言板中。攻擊者先將惡意語法藉由網頁中的 XSS 漏洞存入網站伺服器中，當使用者正常地瀏覽目標網站時，網站會從伺服器中讀取惡意攻擊者事先注入的惡意程式碼並執行。若惡意程式碼的指令為取得使用者 Cookies，攻擊者即可不需要知道使用者的帳號密碼便能冒用使用者的身分。」

伊森這次沒有打斷艾希教授，他低著頭努力記下艾希教授所說的一切。

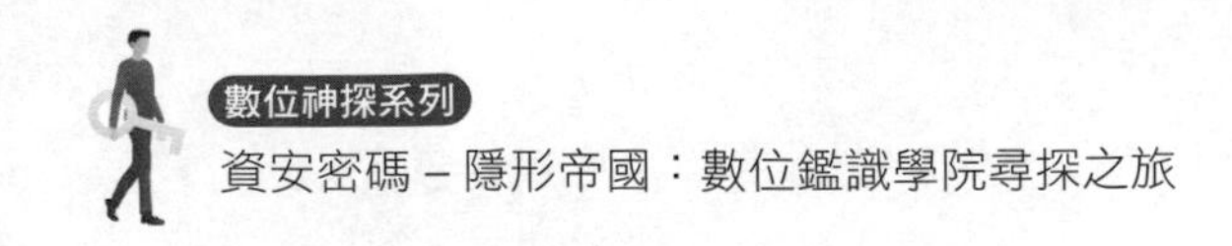

「記憶體可區分為兩種，分別是揮發性記憶體（Volatile Memory）以及非揮發性記憶體（Non-volatile Memory），這個我們在「Meta」學院介紹數位鑑識的時候就有講過了，記得嗎？」

伊森說：「當然囉！」

艾希教授說：「好，那我再幫你簡要的喚起記憶一下！揮發性記憶體意指在中斷電源供應後，記憶體中所儲存的資料便會消失。而這類記憶體如動態隨機存取記憶體（DRAM）和靜態隨機存取存儲器（SRAM）。因此可知，這種記憶體中所儲存的資料為系統執行程序、開機時所執行程式之執行程序等。」

伊森點著頭，聽得很專注。

艾希教授繼續說：「而非揮發性記憶體，則是若不提供電源，依舊會保有儲存之資料，如隨身碟、硬碟等。若能取得揮發性記憶體所儲存之資料，便可從中推測出攻擊者在攻擊當下執行那些程式並進行了什麼行為，這將有助於釐清案情的原貌，因此，取得揮發性記憶體所儲存之資料更為重要。」

艾希教授說完後便留下伊森一個人寫筆記，自己則坐在電腦桌前，開始進行一連串的鑑識流程，在鑑識後他發現攻擊手法和惡名昭彰的駭克魔雷同，因此他心想：「該不會駭克魔的魔爪已經滲透入學院，開始對學院造成威脅了吧……」

伊森看出了教授的心思，他很想知道教授剛剛熟稔的操作到底是什麼，但他不敢再次打斷教授。

「伊森，這裡介紹一個應用程式，可以查看存於暫存記憶體中的資訊。」艾希教授突然打破沈默，對伊森說道。

伊森心裡暗爽了一下，因為他又能學到更多東西了。

「『FTK』，也就是 "Forensic Toolkit" 的縮寫，這是由 Access Data 公司所開發的一套數位鑑識工具，透過直覺式的介面提供數位鑑識人員更便利的操作。而旗下的軟體『FTK Imager』，則專門用於獲取映像檔且可匯入多種類型之映像檔，可於 Access Data 官方網站免費下載，其主要功能為獲取映像檔以及進行數位證據的預覽。這裡將透過『FTK Imager』進行記憶體萃取（Memory Dump）取得暫存於記憶體中的資訊，後面可以再用第三方工具進行分析。」

好奇的伊森說：「喔～暫存的就是揮發性的資訊嘛，咦？對了，之前看到有些名稱是記憶體傾印，請問這是指一樣的東西嗎？」

「沒錯，不過是翻譯上的問題而已，不過建議還是看英文啦！」艾希教授說著。

艾希教授這時一邊把剛剛的畫面秀出來給伊森看，並說道：「我剛剛使用『FTK Imager』來對記憶體進行萃取，從左上角的【File】功能表中選擇【Capture Memory】選項，即可進行記憶體之萃取。」

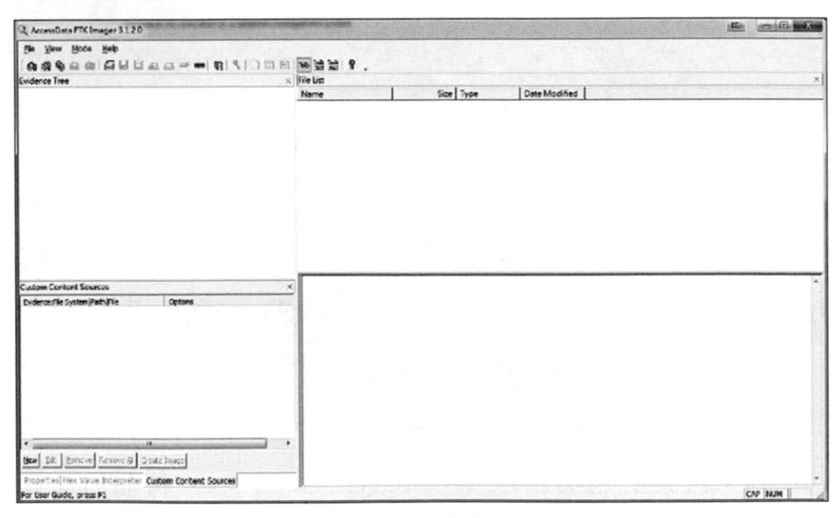

▲使用「FTK Imager」來對記憶體進行萃取

艾希教授說：「雖然瀏覽器在無痕瀏覽模式時，並不會於電腦中的 Cache、Cookie 或 History Record 留下任何紀錄。然而，根據羅卡交換定理（原文是 Locard Exchange Principle），此原理是說只要有接觸過，必定會留下痕跡，也就是所謂的凡走過必留下痕跡。且任何應用程式執行時，作業系統都會將資料儲存在記憶體中，使其得以順利執行。因此，透過分析暫存記憶體，可以得知電腦被操作的過程，進而推論嫌犯手段。」

艾希教授這時打了個哈欠，並對伊森說：「後面的部分較為複雜，伊森，你先回去休息，有更進一步的結果，我會再通知你。謝謝你發現這　嚴重的漏洞。」艾希教授委婉的請伊森先離開，準備仔細調查案情的內幕。

「謝謝教授，不過我還有一個問題，不知道教授能不能幫我解答？」伊森說。

「好吧，說來聽聽」艾希教授說。

「我還想知道有什麼防範跨網站腳本攻擊的方法，請問教授知道嗎？」

「喔，這個的話，首先你可以用工具來掃描 XSS 的漏洞，像是 Google 釋出的 CSP evaluator ，另外還可以同時用白名單、黑名單機制過濾資料，或是驗證輸入的資料，這些都是不錯的方法喔！」艾希教授接著給了伊森一個網址：https://csp-evaluator.withgoogle.com。

伊森說：「喔～聽起來很不錯欸，謝謝教授！那我就先不打擾您了，感激不盡。」伊森發現自己好像麻煩到教授了，所以快步離開教授的辦公室。

正當伊森要離開時，教授突然叫住伊森，告訴他：「啊對了，麻煩你到安潔教授的辦公室，告訴她請暫時關閉學院網站，並向同學宣布學院的網站需要維修一段時間。請務必不要驚動到同學，避免打草驚蛇，因為要完成這種大規模攻擊，十分有可能存在內應，幫助惡意的第三者完成攻擊手段。」

「了解！我這就去通知安潔教授及同學。」伊森回應。

「拜託了，能不能將損害降到最低，並找出惡意犯罪，就靠你幫我把消息傳達出去了……一定要確定同學不要登入學院網站，以確保資料不會在外洩更多了。」艾希教授語重心長的提醒。

望著伊森遠去，艾希教授顯得有些晃神地沈思，分析著記憶體內的資料。回想起十年前，一位天資聰穎的同學曾使用類似的手法，將病毒網頁藏於學院網站，使多數人各資遭到外洩及盜用，他嘴裡咕噥著：「難道這是又是你嗎……駭克魔……你啊……」艾希教授喃喃說道。

伊森一路蹦蹦跳跳從教授的辦公室回到寢室，臉上帶著藏不住的喜悅。打開寢室的大門，迎面而來的是睡眼惺忪的柯邦，以及沉浸在遊戲中的賴嘉。

「剛剛睡著就聽到走廊有人蹦蹦跳跳，本來打算起床看看發生甚麼事情，結果一 下床就看你滿臉笑容的跑進來，買樂透中了大獎嗎？」柯邦被吵醒後，又氣又好笑的調侃。

「賴嘉，不要再玩了，還有柯邦你也是，你的人生都快被你睡完了！快過來看看我剛剛從艾希教授那邊學到了甚麼好東西！」伊森興奮地朝著室友喊道。

「原來是又從教授那邊挖到寶藏了啊。也對，伊森一直以來都對學習孜孜不倦，可能中了樂透頭獎都還不比學習到新知識還開心呢。」賴嘉放下手中的電動玩具，附和柯邦的玩笑。

「先不要講那些了，趕快趁我還記憶猶新的時候，把剛剛學到的新知識分享給你們！」手不釋卷的伊森，亦十分樂於和周遭的朋友們分享自己的所見所學，不僅可以提升同儕的知識，還能透過講解過程確認自己的吸收狀況，可真是一石二鳥呀。

語罷，伊森開啟了電腦，打開了「FTK Imager」。柯邦和賴嘉也配合的一起圍在電腦前，準備一睹伊森葫蘆裡賣的是甚麼藥。畢竟，伊森平時的各式教導，讓他們能夠預習到學院中可能使用到的知識，使他們能順利通過大小小的測驗及考試，百利而無一害。

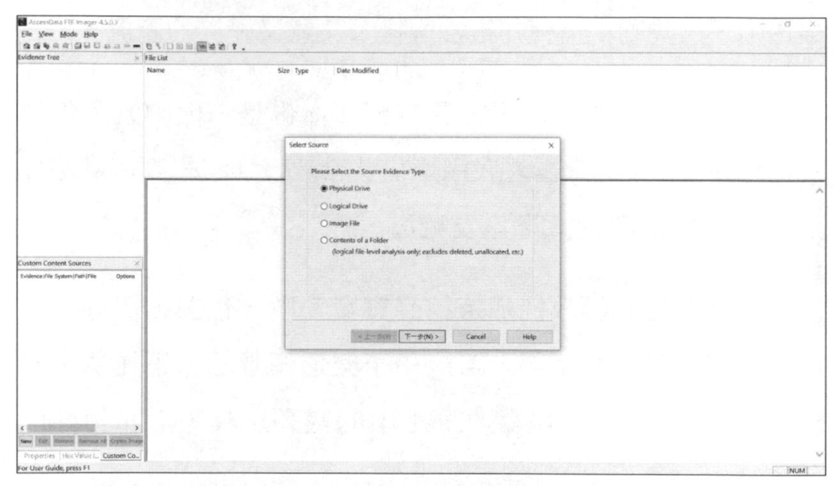

▲使用「FTK Imager」萃取不同種類的檔案

「喔，這不就是之前我們找安潔教授、艾希教授處理 TOR 暗網鑑識的時候不是有用過了嗎！我記得我們那時候是對主記憶體進行傾印對吧？」柯邦說道。

「對啊，但功能不止於此，使用『FTK Imager』，除了可以進行記憶體萃取外，還可以選擇從 "Physical Drive"、

"Logical file" 和 "Image file" 中進行鑑識。」伊森一邊操作著伊森一邊操作著「FTK Imager」，一邊解釋。

「等等，不要一次性說這麼多這麼多英文名詞啦，腦袋的記憶體要不夠了。」神出鬼沒的田小班不知何時已湊到了三人身後，好奇的想加入對話。

「來的正好，我正準備解釋呢！」伊森看見室友都到齊了，準備開始傳道授業。

「"Physical Drive" 就是電腦中的硬體單元，是實體的儲存空間。SSD（Solid-state drive/Solid-state disk, 固態硬碟）和 HDD（Hard Disk Drive, 機械硬碟）以及 USB 等，都是常見的都是常見的 "Physical Drive" 種類。透過『FTK Imager』，我們可以直接萃取出一個實體應中的資料，並對其進行鑑識。」伊森解釋。

「那選擇 "Logical file"，是不是就能夠對電腦中的邏輯儲存空間進行萃取和件事呢？」反應迅速的柯邦，立刻就從字面上開始了舉一反三。

「沒錯，不愧是柯邦，反應一直都這麼快。有人能夠說明 "Physical Drive" 和 "Logical file" 間的區別嗎？」伊森問道。

「這個我之前在文章中有讀過。"Logical file" 是電腦從 1 至多個實體碟中，將其分割成更多區塊，因此電腦中不會只有 C 槽、D 槽，而可以分割成更多，以便管理及使用。早期由英文字母作為代號，最多可以割為 A-Z，26 個區塊。」賴嘉充滿自信的回答。

「沒錯！賴嘉解釋得不錯。另外我要補充，我們可以透過使用『FTK Imager』，拷貝因操作失誤導致損毀、刪除的檔案，並對其進行修復。」伊森補充。

「最後，我們還可以萃取 "Image file"。"Image file" 和前兩種檔案不同，因為它可以進行切割、分離，單是前面兩種檔案會因為分割導致無法讀取、開啟。"Image file" 匯入時，會跳脫系統運作，因此匯入時順序會被打散。」伊森繼續解說。

「伊森，你剛剛解說了前三種萃取檔案的方式，但是畫面中好像有第四種方法可以選擇？」柯邦看著「FTK Imager」的介面，疑惑地問道。

「沒錯，其實還有第四種選擇 "Contents of Folder"，這種方法是對 "Logical file" 進行分析，使用這個選方法，萃取檔案時會遵守系統運作的規則，因此進行分析、萃取後不會使檔案損壞。」伊森說道。

突然，三人身後傳來咕嚕巨響。一回頭，只看見田小班紅著臉摸著肚子，看來是想吃飯了。

「講解剛告一段落，正好吃飯時間也到了，要不要一起去餐廳吃飯啊？」賴嘉笑著提議。

「那就走吧，餓著肚子對學習可不好。」柯邦也附和道。

於是，四人有說有笑的前往餐廳。

8

CHAPTER

物聯網秘密的「生活秀」Shodan

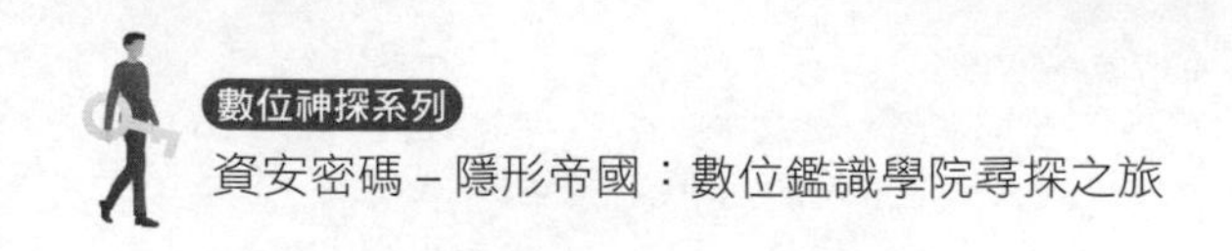

佛倫鉅鎖由於最近駭克魔動作頻繁，易杉校長決定召集學院的代表性教授們討論該如何防範。

「駭克魔的勢力已經滲透校園了。上次喬安的事件，我們應該更謹慎的看待。」艾希教授在會議上說道。

安潔教授也同意艾希教授所說的。

「若是要對付駭克魔一人，我相信教授們的實力絕對是綽綽有餘。但若是駭克魔收買學院的學生，我們根本無從得知，而且造成的傷害恐怕只會更大。」安潔教授擔心地說著。

易杉校長思考了一會兒，然後說：「兩位教授說得正是我們今天要討論的議題。俗話說『家賊難防』，但總不能對學生一個一個進行調查，這樣可能侵犯同學隱私，不知道各位教授有什麼建議？」

大家都相當苦惱，易杉校長也實在是想不出什麼好方法。

一直非常重視教育的安潔教授這時心想：「若如果我們沒辦法藉由外力找出防範，那不如從內部的教育開始做起？」

於是安潔教授默默地舉起手，「易杉校長，我想到了一個方法。」這時大家的目光都投射到安潔教授身上。安潔教授說：「我認為我們可以從學院的基本教育做起。比如說加強資訊安全技術的課程，增加同學實戰經驗，或者是增加資訊相關法律素養，讓同學有保護自己的能力。這樣一來，即使駭克魔想利用我們的學生，學生們也可以自行判斷是非對錯，並利用學院所學做出相對應的作為。」

易杉校長聽了覺得相當有道理。「其他教授也認同安潔教授的說法嗎？」

在場的每位教授都點頭同意。

「好吧！那麼安潔教授，那……妳想怎麼實行妳的建議？」易杉校長問道。

安潔教授想了想，「嗯……我想先從學生的個人設備安全開始。」

易杉校長有點納悶的說：「這樣啊？可以說說原因嗎？」

安潔教授回答：「我最近正在研究物聯網（Internet of Things，IoT），研究的過程中發現一個可怕的搜尋引擎『Shodan』。有別於『Google』搜尋引擎，『Shodan』的目標是連上網路的物聯網設備，種類包含電腦、交換器、網路攝影機，甚至於工業控制系統等。」

易杉校長和在場的所有教授也都知道「Shodan」是個功能相當強的搜尋引擎。

安潔教授繼續說：「我想從這開始的原因是因為現在我們所使用的設備，大部分都會連接到網路，也就是『萬物皆連網』，但也造成萬物皆可『駭』。只要是能夠連上網路的裝置，通通都暴露在被攻擊的風險之中。有心人士可能利用『Shodan』侵入 IoT 設備竊取資料、偷聽或著偷看監視設備所拍攝的影像。」

易杉校長摸了摸鬍子，贊同安潔教授所說。

安潔教授繼續說道：「駭克魔還沒使用過類似手法騷擾學院，我想先向學生介紹這個軟體，以防駭克魔又對我們的學生造成威脅。」

易杉校長點了點頭，認為安潔教授思考得非常周全，於是他靈機一動，問安潔教授：「那麼安潔教授，能不能先請妳跟我們先介紹『Shodan』呢？我相信在座的所有教授也都對『Shodan』相當感興趣。」

安潔教授有點措手不及，但她還是硬著頭皮說：「呃……我想……應該可以，但因為有點臨時，所以可能不是那麼的完整。」

話說完，安潔教授操作起電腦，並把畫面投影給在場的所有教授們看。

「現在畫面上顯示的是『Shodan』的主頁。『Shodan』是屬於要付費的搜尋引擎，但如果使用者只是想體驗基本的功能，可以免費使用。一些進階的功能，例如："Images"，則需要加入付費會員。『Shodan』是一次買斷的，所以不用擔心訂閱問題。」

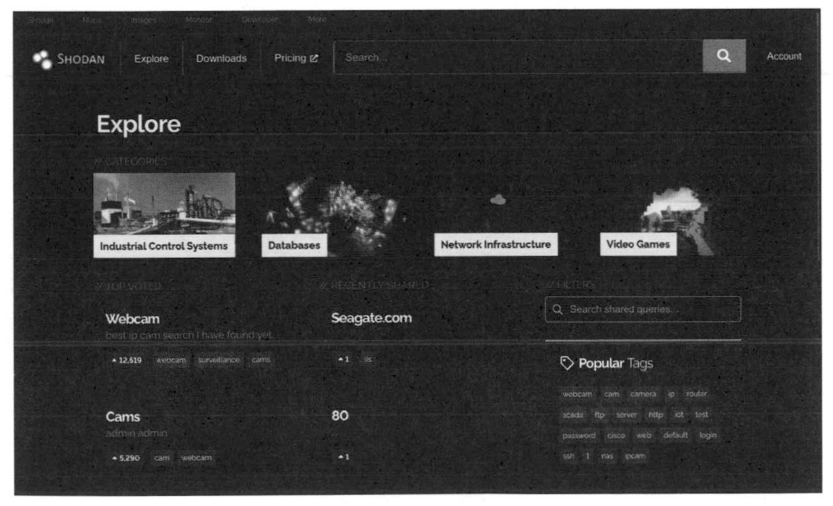

▲ Shodan 操作介面

艾希教授看到這畫面時，順道提出了問題：「安潔教授，可以說明一下這麼強大的軟體，它的運作原理是什麼嗎？」

「艾希教授別急，我正要接著說明呢。」安潔教授將畫面切至另一個網頁。

「『Shodan』主要的功能是搜尋全球的物聯網設備並擷取其相關資訊，其中包括可得到 IP 位址、運行的服務、系統資訊等。至於是什麼原理能夠讓『Shodan』得知系統上有執行那些服務呢？……答案就是『Banner Grabbing』。」

眾人有點不太了解什麼是「Banner Grabbing」。

易杉校長看到眾人疑惑的臉，幫忙解釋道：「『Banner Grabbing』的定義是一種擷取網路和在其開放通訊埠運行服務的資訊技術。基本上，它的運作又可被分為兩種，第一種是『Active Grabbing 主動抓取』，另一種方式為『Passive Grabbing 被動抓取』。『Active Grabbing』是自己用電腦主動去掃對方的通訊埠，然而，『Passive Grabbing』是透過第三方軟體來掃描別人的通訊埠。」

「謝謝校長的補充解釋。」安潔教授接著說：「『Banner Grabbing』其實指的是抓取 Banner 的過程，是一個動態且抽象的概念。而所謂的 Banner 指的是可以從螢幕上看到的資訊，這些資訊為系統回傳回來讓操作者能夠看到包括設備的 IP、運行的系統以及開啟的通訊埠等等。Banner 中顯示這個系統的伺服器是使用常見的『Apache』伺服器，除了可得知設備上的基本資訊外，必要時也能夠幫助找尋存在設備上的一些『問題』。而尋找『問題』的過程即稱為『Banner Grabbing Attack』，其目的是用來揭露設備可能暴露在哪些資安風險的問題。」

```
Apache httpd Version: 2.4.10
HTTP/1.1 200 OK
Date: Wed, 09 Dec 2020 07:04:57 GMT
Server: Apache/2.4.10 (Win32) OpenSSL/0.9.8zb PHP/5.3.29
X-Powered-By: PHP/5.3.29
Content-Length: 4940
Content-Type: text/html
```

▲顯示服務為「Apache」伺服器

安潔教授邊說邊操作著電腦，讓大家看看 Banner 實際長什麼樣，並接著說：「由於 Banner 上都記錄著與伺服器設備相關的重要資訊，如通訊埠及運行的服務等，因此可利用一些第三方工具來取得 Banner 上的內容，例如 "Nmap"、"Telnet"、"Wget"、"cURL" 等等工具。我現在示範一下 "Nmap" 好了，這部份是以個人網站為目的，我現在輸入……『sudo nmap -sV --script=banner wp2.lyncustek.com』之後……啊！有了，你們看這就是 Banner ！」

```
garywang@gary:~$ sudo nmap -sV --script=banner wp2.lyncustek.com
```

安潔教授用雷射筆指出 Banner 範圍給大家看，並說：「大家看，我們可以從中看到網站上開啟了許多的通訊埠，代表運行不同的服務，框框內看到有 80、443、1723、2222、……等多個通訊埠號碼等等，其中各通訊埠號碼 80 及 443 分別關聯於 http 跟 https 協定；而 1723 為 VPN 使用；2222 為自定義的 SSH 連接，相信大家都知道這些通訊埠的用途了吧。」

```
Starting Nmap 7.60 ( https://nmap.org ) at 2021-01-08 11:00 UTC
Nmap scan report for wp2.lyncustek.com (140.115.145.151)
Host is up (0.0051s latency).
Not shown: 992 filtered ports
PORT      STATE  SERVICE     VERSION
80/tcp    open   http        nginx 1.14.0 (Ubuntu)
|_http-server-header: nginx/1.14.0 (Ubuntu)
443/tcp   open   ssl/http    nginx 1.14.0 (Ubuntu)
|_http-server-header: nginx/1.14.0 (Ubuntu)
1723/tcp  open   pptp        DrayTek (Firmware: 1)
2222/tcp  open   ssh         OpenSSH 7.4p1 Debian 10+deb9u4 (protocol 2.0)
|_banner: SSH-2.0-OpenSSH_7.4p1 Debian-10+deb9u4
3390/tcp  open   ssl         Microsoft SChannel TLS
| fingerprint-strings:
|   TLSSessionReq:
|     VE9K
|     DESKTOP-M1192V20
|     200925175611Z
|     210327175611Z0
|     DESKTOP-M1192V20
|     '%~*
|     "~C%
|     s4{}G
|     $0"O
|     vJmV
|     4uDk
|     =7V3~t
|     \x99W
|_    \x95
```

▲經 "Nmap" 的指令操作，偵測後回傳的 Banner 資訊

經過這一番的解說和操作，眾人對於「Banner Grabbing」有了更進一步的認識。易杉校長也露出了滿意的微笑。在聽

完安潔教授前面的介紹後，艾希教授已經迫不及待的開始操作起來了。

「那我們就繼續吧！」安潔教授對正在熱烈討論的各位教授說。

「剛剛說明的是『Shodan』的原理，接下來是實際操作的部分。首先，使用『Shodan』前，我們要先認識邏輯運算子。這有點像是程式語言的語法，或者可以想像成『過濾器』，簡單來說就是減小搜尋範圍，提升準確度。」

title	搜尋網頁 HTML 標籤中 title 的內容
net	搜尋指定的 IP 區段
port	搜尋指定的通訊埠
country	搜尋指定的國家（2 碼）
city	搜尋指定的城市
product	搜尋指定的產品名稱、軟體、作業系統
Org	搜尋指定的公司或業者
ISP	搜尋指定的 ISP 業者
Hostname	搜尋指定的主機名稱
version	搜尋指定的產品版本

▲「Shodan」邏輯運算子

安潔教授將電腦頁面切回「Shodan」主頁準備實際操作。「我把剛剛的邏輯運算子實際運用一遍……例如輸入

『port:3389』，便可查詢到所有開啟 3389 通訊埠的連網設備。」

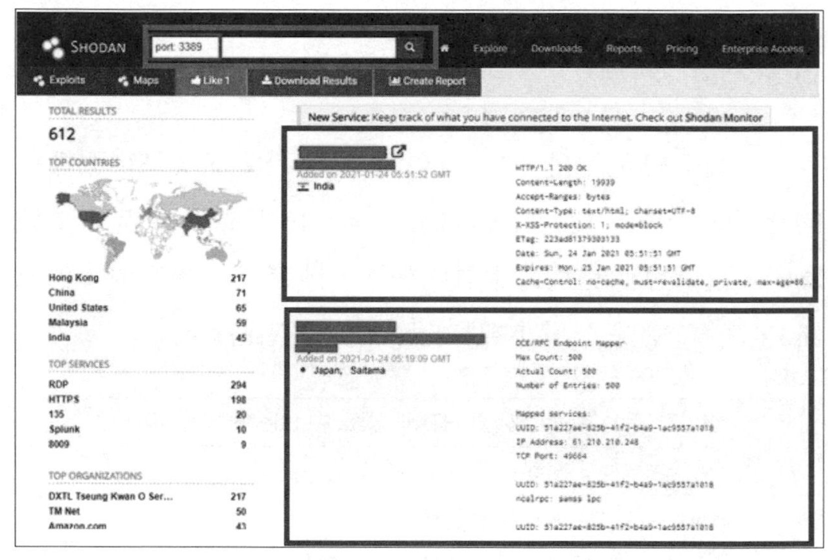

▲找出所有開啟 3389 埠的裝置設備

雖然早就知道「Shodan」是號稱「網際網路上最危險的搜尋引擎」，但真的看到其搜尋到如此仔細的內容後，在場的所有人還是覺得相當厲害。

「再來我把『Shodan』的所有功能大致說明一下。『Shodan』最主要有 4 種功能，分別是："Explore"、"Maps"、"Exploits"、"Images"。」

「首先，在 "Explore" 搜尋欄，可以輸入邏輯運算子或者直接輸入想要尋找的裝置，例如："webcam"，點擊搜尋後將能清楚地得到更多與搜尋內容有關的資訊。」

▲「Shodan」的 "Explore" 介面

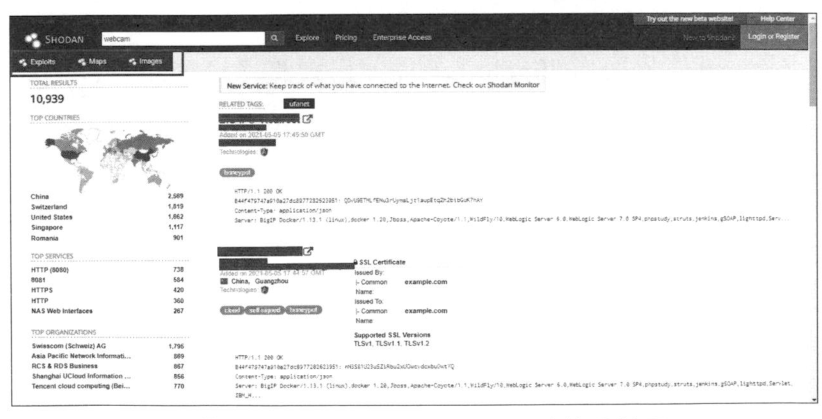

▲「Shodan」回傳 "webcam" 的搜尋結果

「"Maps" 呢，是可得知搜尋目標在全球的分布狀況的功能，因此有人會利用 "Maps" 功能來分析該目標位於全球的分布密度。他的操作的部分和 "Explore" 相同，在搜尋欄上輸入想要尋找的裝置，例如："webcam"，出現的四個框選內的紅點就是全球網路攝影機的分布狀況。」

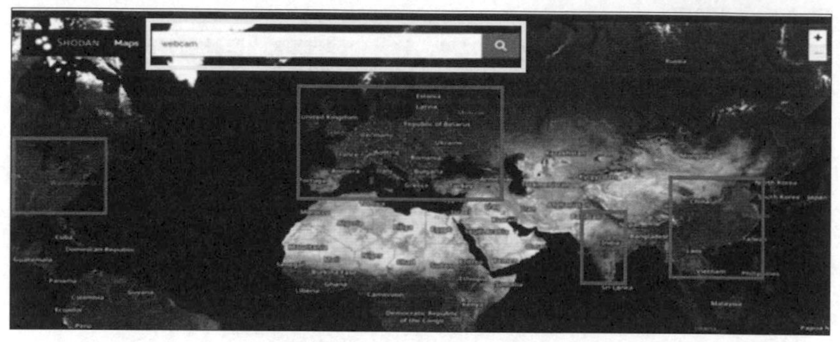

▲全球 "webcam" 的分布狀況

「另外，操作 "Exploits" 時，它會從『Shodan』資料庫中搜尋有哪些的安全性漏洞（Vulnerabilities）、CVE（全名為 Common Vulnerabilities and Exposures），如果存在 CVE 漏洞，代表在程式碼的邏輯上有弱點，當弱點被利用時可能會提高機密資料外洩的風險，如此就能夠得知該目標可能存在著什麼型式的安全。」

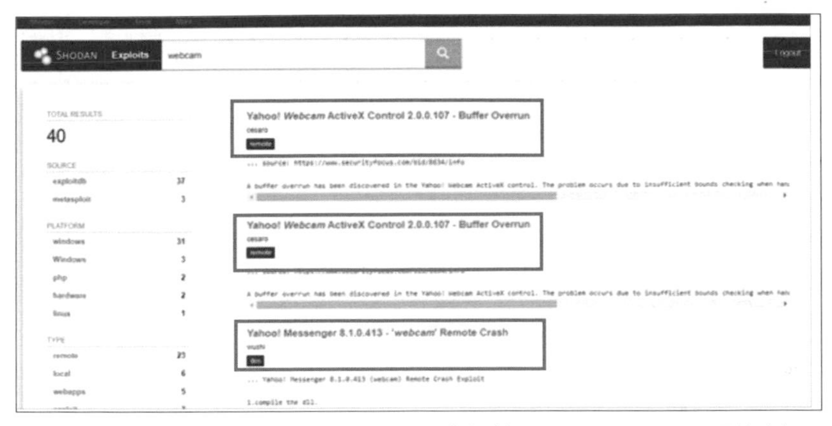

▲ 利用「Shodan」的 "Exploits" 功能搜尋 "webcam" 漏洞資料

「至於 "Images" 功能，他特殊的地方是可以在每一個設備上進行快照，也就是擷取裝置的畫面。這對於使用者的隱私有著極大的威脅。」

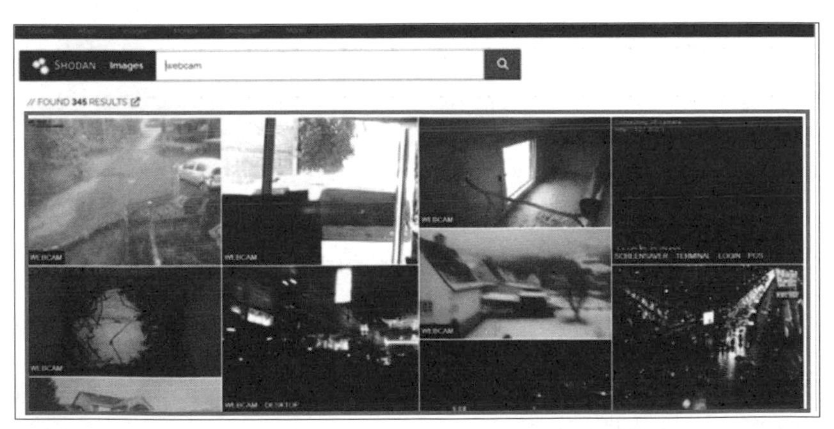

▲「Shodan」的 "Images" 功能擷取的畫面

眾人聽完後，都覺得「Shodan」的功能非常強大，對於安潔教授的介紹，大家也不吝嗇給予掌聲。

安潔教授看到大家反應很熱烈，害羞的低下了頭，並說：「以上就是『Shodan』大部分的功能，因為沒有想到易杉校長會請我臨時為大家介紹……所以並沒有講解的非常完整……大家多多包涵啦。」

即便如此，在場的所有教授都認為安潔教授做了一個非常好的解說。

「從安潔教授剛剛的說明來看，『Shodan』的確是個非常危險的軟體。以駭克魔陰險狡詐的性格來看，『Shodan』的確很有可能淪為駭克魔的工具。有句話說：『知己知彼，百戰百勝』，我們既然先了解了『Shodan』，那就可以提早做防範。」易杉校長說完又對一旁的安潔教授說：「加強學生資訊安全的教育計畫，我想就交由妳來負責吧！」

安潔教授有點意外，但也非常高興，「謝謝校長的信任，我一定會努力做好的！」安潔教授說。

在場的所有教授為安潔教授鼓掌，而佛倫鉅鎖接下來的資安技術課程將由安潔教授負責。

伊森得知這項消息後覺得相當興奮，他急忙跑去告訴賴嘉和阿邦。

「嘿！各位，接下來我們的資安技術課程要由安潔教授親自指導欸！而且要從我們最近討論到的『Shodan』開始介紹。一定很有趣！」

賴嘉和柯邦也相當開心，但這件事一傳十，十傳百，最終傳到了駭克魔在佛倫鉅鎖的眼線耳裡。

駭克魔沒想到佛倫鉅鎖的教授們竟然會比他先一步知道「Shodan」的厲害。一陣狂吼後，駭克魔決定親自出馬⋯⋯

CHAPTER

當人臉辨識遇上區塊鏈真假柯邦辨一辨

今天早上，柯邦和伊森一同前往上課時，伊森發現柯邦一直魂不守舍，黑眼圈看起來也非常的深，於是他問柯邦：「吼，又熬夜打遊戲了對吧！」

柯邦沒有理會伊森，繼續發呆，他的樣子看起來魂不守舍。伊森看到柯邦桌上有賴嘉的搖桿還有遊戲攻略，於是推測他昨天晚上和賴嘉熬夜打遊戲，他又問柯邦：「好啦，阿你知道今天要上什麼課嗎？」

「蛤……？上課……？今天星期幾？」伊森聽到柯邦這樣的回答後心想：「不是吧，這也能忘……」

伊森嘆了口氣，搖搖頭，拍了拍柯邦的肩膀後就轉頭離開了。

正好伊森在樓梯間遇到了賴嘉，於是他說「欸，賴嘉，你昨天跟柯邦開夜車打遊戲喔？」

賴嘉說：「喔，對啊，不過他超雷的，但沒差啦，我最後帶他一起飛，險勝了對手哈哈哈。」

「喔，這樣啊……啊最後贏是贏了，但柯邦也不至於這麼落魄吧？」伊森說道。

「欸欸欸！柯邦走下來了。」賴嘉用氣音說著。

這時伊森面不改色的開始轉移話題，演得非常自然，賴嘉也配合伊森搭上話。這時柯邦看起來雙眼無神地從他們旁邊經過，也沒打招呼，就這樣默默地走下樓。

「嗨！柯邦，你要去哪？」賴嘉問。

柯邦不知道是沒聽到還是故意不理他，就這樣走掉了。「嗯？柯邦吃錯藥了嗎？他怎麼連你也不理……你們昨天沒有吵架吧？」伊森問。

「怎麼可能，我們超開心的好嗎！」賴嘉回答完後，他們兩人都陷入了沈思，這時田小班蹦蹦跳跳的從走上樓，並在樓梯間遇到了伊森和賴嘉。

「嗨！你們在聊什麼？」田小班問。

「喔，柯邦啦！」伊森小聲地說道。

「咦，我也覺得他怪怪的欸，我剛剛遇到他呢，他都不理我。」田小班說。

事情越來越詭異了，這時田小班突然想到昨天在 306 教室外看到有人在發易容術的傳單，於是他懷疑這個『柯邦』不是平常的柯邦，而是某個人透過易容術假扮柯邦。

「該不會是易容術吧……」田小班低聲說道，伊森和賴嘉雖然不知道那是什麼，但也決定向安潔教授報告此事，於是他們三人一起到了安潔教授的辦公室。

「叩……叩……有人在嗎？」賴嘉輕敲安潔教授的門，這時安潔教授探出頭來說：「1、2、3……嗯……少了一個人，該不會你們是來問……」

伊森已經料到安潔教授要說什麼，於是他說：「是柯邦啦……」

沒想到安潔教授也已經察覺異樣。安潔教授告訴他們三個：「我決定今天的課堂上介紹區塊鏈的人臉辨識的技術，在教學同時，希望同學能利用此技術，順便驗證看看這個柯邦是不是真的柯邦……」

上課鈴響了，伊森三人臉色凝重的走進了教室，安潔教授這時也走上了講台說：「來同學上課囉！由於最近同學們大多參加資安競賽，身體勞累，加上天氣異常潮濕，有許多『零件生鏽』，那可是會影響駕騎車輛的運作，導致發生交通意外，我先利用上課期間宣導正確的駕駛行為及酒駕危險的議題。」

「例如許多人都抱持著僥倖的心態，導致酒駕發生交通意外的悲劇一再上演，讓不少家庭因此破滅。據統計這四年來酒駕取締的案件高達 10 萬件，而因為酒駕車禍死亡人數逾百人。在去年酒駕新制度上路之後，今年取締的數量有明顯下降，雖然成功達到嚇阻的效果，但是死亡人數仍與去年前年持平，可見完全嚇阻酒駕還有很長的路要努力。」安潔教授秀出近年來的資料，為這堂課開了個頭。

「記得艾希有提過每天下班後，會小酌幾杯，也當偶遇柯邦、賴嘉、伊森、田小班時會一同到小吃部飲酒哈啦一些話題，但是艾希教授非常留意交通規範，違法行為等同要他的命一樣，不論喝了幾杯都是搭乘計程車返家，對嗎，田小班？」安潔教授笑著說道。

田小班點點頭，伊森和賴嘉也在一旁附和著。

「同學們到了可以飲酒的年紀，無論是使用交通工具或是駕駛車輛，都不能有僥倖心態。大家有聽過『手持型酒精含量檢測裝置』嗎？」

「聽起來跟警察在用的酒測器一樣欸？」賴嘉說道。

「原理是差不多的喔！不過這個的目的在於有效避免酒駕情形發生，讓駕駛人必須在駕駛之前都先進行酒測，若酒精濃度超標就會將汽車載具上鎖，藉此避免酒駕意外或事故發生，而且這項技術結合了『智慧鑰匙』的功能，若偵測到酒測值超標，車輛中的顯示面板將會發出警告訊號告知駕駛人，避免酒駕上路之問題。」安潔教授說道。

「我也為我們佛倫鉅鎖打造了一套技術叫『酒精鎖』。與上述的酒精含量檢測裝置雷同，但是更易於使用，透過儀器感測酒精含量檢測裝置，讓學院學生必須在駕駛交通工具前之前都先進行測驗，若酒精濃度超標就會將交通工具上鎖，而且該技術也同時結合了智慧鑰匙功能，還會將違反情形同步傳送給艾希教授，交由艾希教授發落。」說完後安潔教授露出來一抹得意的微笑。

「聽起來很不錯欸！」伊森故作開心的說，因為柯邦的事情讓他們遲遲無法放心。

安潔教授的腦袋裡其實一直在思考柯邦的狀況同時，他突然靈機一動在講台上突然說：「對了！區塊鏈！」

台下的同學都一臉茫然，不知道安潔教授怎麼突然從酒測講到區塊鏈，其實安潔教授突然想到：如果利用區塊鏈的技術，不僅有機會辨識出柯邦的差異，同時也能解決長期以來酒駕的問題。安潔教授忍不住開始讚嘆起自己的點子。

安潔教授發現自己過於沈迷自我世界，突然回過神來「咳……咳咳……同學不好意思……」此時台下同學正在努力憋笑，時不時出現了咯咯笑聲。

「好的，講完酒測之後我來簡單說明一下何謂人臉辨識……」安潔教授試圖用新話題化解尷尬。

此時賴嘉突然說：「該不會這樣就可以知道為什麼柯邦總是魂不守舍，被電動吸引了吧，哈哈哈……」

賴嘉虧損完同學後，所有人都忍不住了，教室充斥著笑聲，彷彿一切都很美好。大家鬧成一片，完全忘了剛剛安潔教授在介紹人臉辨識的相關概念。

安潔教授心想：「這小毛頭，我好不容易要拉回來正題了，害我現在都不知道同學是在笑我剛剛的糗態還是笑柯邦……算了不管了，趕緊回來上課吧……」

安潔教授清了清嗓子，試圖提醒同學現在還在上課，同學們也很識相的安靜了下來，於是安潔教授接著繼續說明人臉辨識的基本概念。

「人臉辨識技術屬於生物辨識的一種，基於人工智慧、機器學習、深度學習等技術，將大量人臉的資料輸入至電腦中做為模型訓練的素材，讓電腦透過演算法學習人類的面部特徵，藉以歸納其關聯性，最後輸出人臉的特徵模型。」教授很有自信的說著。

「好酷啊，原來還可以這樣子，跟以往的認知不同，還以為人臉辨識是記住一張臉的樣子，應該很容易不被機器看出破綻的說，沒想到人臉辨識用機器學習方法，讓容錯率提高，避免誤判。哇跟想的都不一樣，看來我上課要更專心不能整理其他科目的筆記了。那請問教授，在日常生活當中，哪裡可以看到人臉辨識技術啊？」伊森好奇的問道。

教授看見伊森求知的眼神，也充滿熱忱的繼續講下去：「目前人臉辨識技術已經遍佈在日常生活之中，其應用面廣泛，最為常見的應用即為智慧型手機的解鎖、行動支付如 "LINE Pay"、"Apple Pay" 等，其他應用還包括行動網路銀行、網路郵局、社區大樓門禁管理系統、企業監控系統、機場出入關、智能 ATM、中國天眼系統等。」

「哇！這樣應用真的很廣欸！」田小班說道。

「是啊！一般來說，人臉辨識皆具備以下幾個特性：第一個是『普遍性』，指的是人臉屬於任何人皆擁有的特徵。第二個是『唯一性』，指除本人以外，其他人不具相同的特徵。

接著是『永續性』，也就是特徵不易隨著短時間有大幅的改變。另外還有『方便性』，他指人臉辨識容易實施，設備容易取得，如相機鏡頭。最後是『非接觸性』，表示不須直接接觸儀器，也可以進行辨識，這部分也將關連到辨識速度。」安潔教授說。

「對了，我記得還有其他生物辨識的方法，例如虹膜辨識、指紋辨識呢！」賴嘉說道。

「對呀！他們也無須近距離接觸，就可以精準地辨識身分，且具有同時辨識多人的能力。近期地球出現新冠肺炎嚴重肆虐，藉由人臉辨識的方法也可以控制人流。人臉辨識的儀器可以搭配紅外線攝影機來測量人體體溫，在門禁進出管制系統中，利於提高管理效率，有效掌握到進出人員的身分，以及幫助在做疫調時更容易掌握到確診病患行經的足跡。」安潔教授詳細的介紹人臉辨識的應用及原理，並套入在目前國際疫情的蔓延，提供國內外政府昨為參考依據，也希望能對防疫貢獻一點心力。

「那要如何操作這套系統，能不能把其中的秘密及步驟都告訴我們呀？」班上最認真伊森有聽沒有懂，不斷追問安潔教授，希望能了解到其中的精隨，對這套理論充滿好奇心。

安潔教授思考了一陣子，「好吧，既然你那麼想知道就告訴你吧，但是之後不可以打斷我上課喔！」安潔教授半開玩笑的的向伊森說道。

「人臉辨識的過程與步驟，包括人臉偵測、人臉校正、人臉特徵值的摘取，進行機器學習與深度學習、輸出人臉模型，從影像中先尋找目標人臉，偵測到目標後會將人臉進行預處理、灰階化、校正，並摘取特徵值，接著人臉資料交給電腦進行機器學習與深度學習運算，最後輸出已訓練好的模型。」安潔教授解答著伊森的問題。

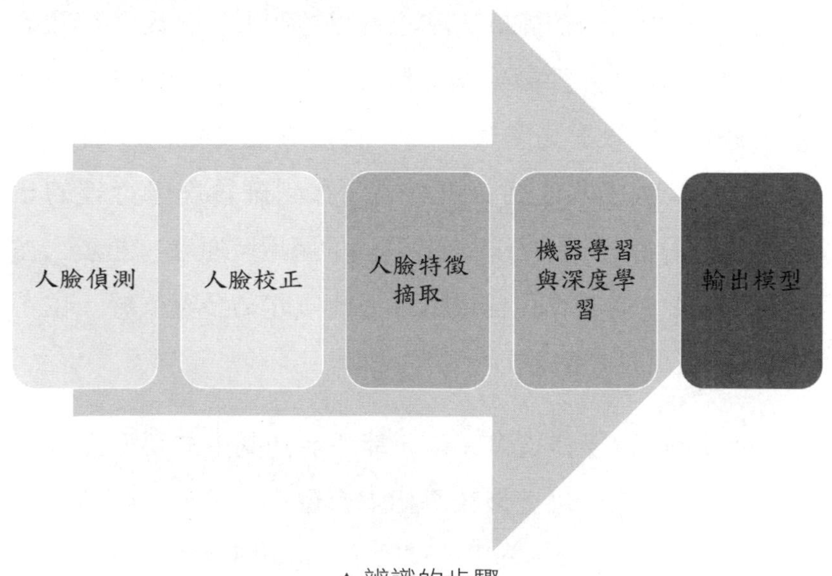

▲辨識的步驟

「那電腦學得很快嗎？深度學習會不會花很久時間啊？」伊森問道。

「嗯，問得好，基於 "Haar" 臉部檢測器的基本思想，對於一個一般的正臉而言，眼睛周圍的亮度較前額與臉頰暗、嘴巴比臉頰暗等其他明顯特徵。基於這樣的模式進行數千、數萬次的訓練，所訓練出的人臉模型，其訓練時間可能為幾個小時甚至幾天到幾周不等。利用已經訓練好的 "Haar" 人臉特徵模型，可以有效地在影像中偵測到人臉喔。」

「那老師可以跟我們說他整體運作地機制，還有他是如何偵測的嗎！」伊森真的是打破砂鍋問到底。

「好吧，Python 中的 "Dilb" 函式庫提供了訓練好的人臉模型，可以偵測出人臉的 68 個特徵點，包括臉的輪廓、眉毛、眼睛、鼻子、嘴巴。基於這些特徵點的資料就能夠進行人臉偵測。圖中左上角的部分是偵測到的分數，若分數越高，代表該張影像就越可能是人臉，右側括弧中的編號代表子偵測器的編號，代表人臉的方向，其中 0 為正面、1 為左側、2 為右側。」

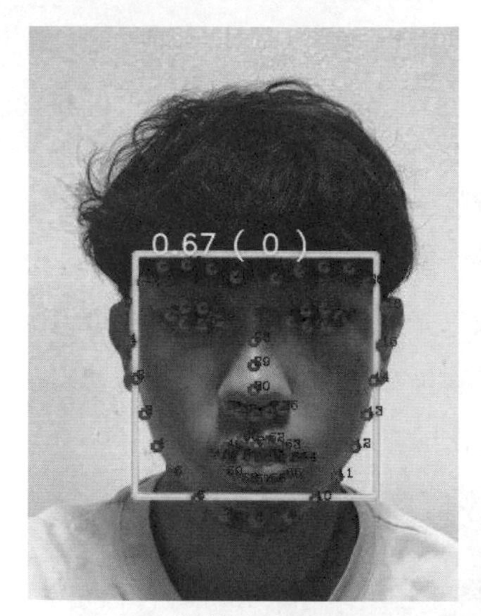

▲ 人臉特徵點偵測（正臉）

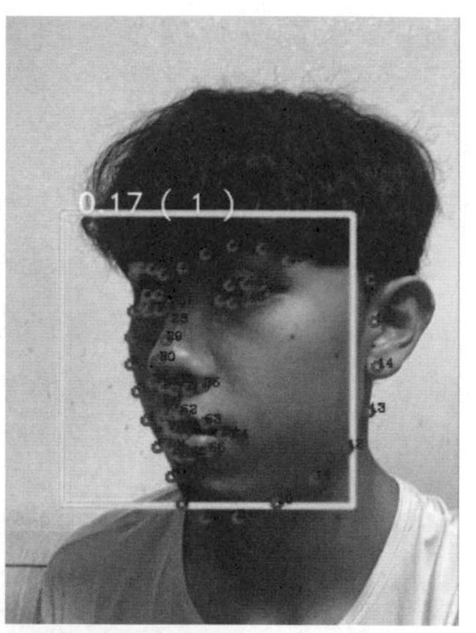

▲ 人臉特徵點偵測（左側臉）

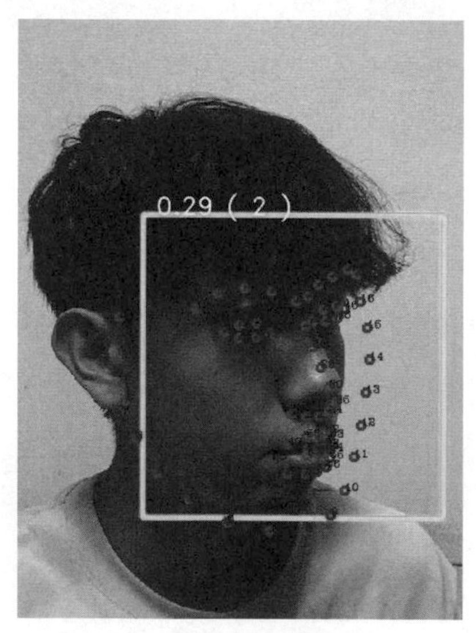

▲ 人臉特徵點偵測（右側臉）

同學們在他下都看的目不轉睛，對於老師的操作還有實驗的結果都覺得十分新鮮。

安潔教授接著說：「偵測到人臉後，要針對圖片進行預處理。通常訓練的影像與攝影鏡頭拍出來的照片會有很大的不同，尤其會受到燈光、角度、表情等影響，為了改善這類問題，必須對圖片進行預處理以減少這類的問題。」

「那這樣電腦會先處理他所收到的圖片嗎？」田小班問道。

「會喔！其實電腦收到圖片後都會先進行一連串的處理，包含幾何變換與裁剪，將影像中的人臉對齊與校正，將影像中不重要的部分進行裁切，並旋轉人臉，並使眼睛保持水平；另外還有影像平滑化等等的處理，若影像在傳遞的過程中受到通道、劣質取樣系統或是受到其他干擾導致影像變得粗糙，藉由使用圖形平滑處理，可以減少影像中的鋸齒效應和雜訊。」安潔教授回答著田小班的問題。

經過教授詳細的講解之後，同學們似乎對於人臉辨識已經有了點概念。

「現在對於人臉辨識已經有些微的了解，突然想到剛剛教授有提到酒精鎖，能否請教授說明酒精鎖的概念。」賴嘉興奮的舉手發問。

「一定很常在喝，這堂課才會這麼積極發問，深怕被艾希教授抓包齁。」田小班嘲笑賴嘉。平常都是賴嘉欺負田小班。

「幸好賴嘉同學有提到，不然教授都忘了剛剛在介紹酒精鎖呢，這邊先對賴嘉同學對學習的熱忱提出嘉勉，但是還是要再次強烈宣導，喝酒不開車，開車不喝酒！」安潔教授向來有著堅持的使命感說道。

「酒精鎖長這樣，它是一種裝置在車輛載體中的配備，讓駕駛人必須在汽車發動前進行酒測，通過後才能將車輛發動。且每隔 45 分鐘至 60 分鐘會發出要求，讓駕駛人在時間內再次進行檢測。」安潔教授簡略的說明了酒精鎖的機制。

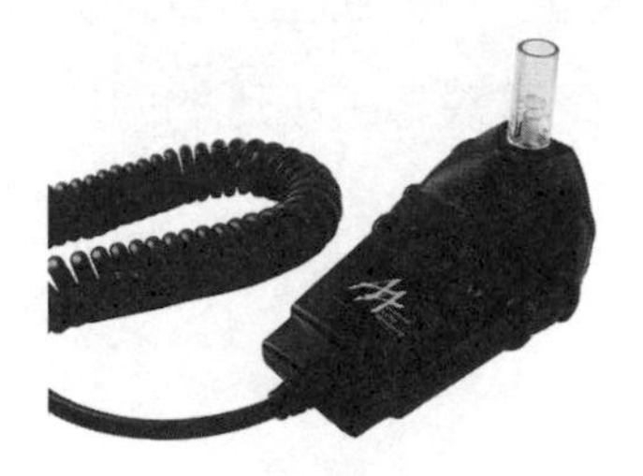

▲酒精鎖

（圖片來源：https://commons.wikimedia.org/wiki/File:Guardian_Interlock_AMS2000_1.jpg with Author: Rsheram）

「同學們對酒駕有什麼看法嗎？我跟艾希教授都認為提高罰款金額以及吊銷駕照只有在短期實施有效，只有勸阻的效果，若在執法上不夠嚴謹，被吊照者會轉變成無照駕駛，因此防止酒駕最有效的方法就是強制讓駕駛人無法上路，這就是『酒精鎖』的設計精神。」安潔教授說。

「我懂了，就是要事前預防嘛！不要等悲劇發生了採用處罰的，不然就太遲了！」賴嘉說。

「對了，交通部為了有效遏止酒駕，規劃加重罰款，延長累犯年限 1 倍至 10 年，只要 10 年內酒駕第二次罰鍰直接 9 萬起跳、提高酒駕同車乘客之處罰至 6000 到 1.5 萬元等。這個修法也在 2022 年 3 月 31 日正式上路啦！」安潔教授說。

「2019 年立院已修法加重酒駕罰責，包括提高拒測罰鍰上限、累犯罰鍰無上限、新增同車乘客處罰、累犯沒入車輛等，雖然整體酒駕件數有下降，但仍有不幸事件發生，為了有效遏止酒駕，因此再度加重處分。」安潔教授繼續介紹著。

中華民國交通部

落實交通安全

酒駕零容忍

111.1.12立法院交通委員會審查通過重點

- 酒駕初犯肇事致人重傷或死亡者即得沒入車輛
- 酒駕(含再犯)、拒絕酒測(含再犯)增加吊扣汽車牌照2年
- 再犯的累計期限由現行5年延長為10年，並得公布其「姓名」、「照片」
- 、「違規事實」
- 提高酒駕同車乘客之處罰(6,000~1萬5,000元)
- 拒絕酒測態樣增訂汽機車駕駛人「接受第1項測試檢定前」或「發生交通事故後，在接受第1項測試檢定前」喝酒或吸毒
- 汽車所有人明知汽機車駕駛人有酒駕、毒駕情形而不予禁止，吊扣該汽機車牌照由3個月延長至2年
- 租賃車業者已盡告知義務，汽機車駕駛人仍駕駛汽機車酒駕(含再犯)、拒絕酒測(含再犯)，依其所處罰鍰再加罰二分之一
- 汽車駕駛人經依第67條第5項規定考領駕駛執照，應申請登記配備有酒精鎖之汽車後，始發給駕駛執照

▲道路交通處罰條例第 35 條修正細節

（圖／交通部提供）

「不過……酒精鎖仍有可改進的空間，但理論基礎大概已建立完畢，接下來只需要經過多次調整，與規範做連結，將來一定能有效遏阻犯罪的！」安潔教授很有自信說道。

伊森心想：「什麼嘛，看起來根本沒有要解決柯邦的問題啊，安潔教授是不是又跑題了……」說時遲那時快，安潔教授馬上補了一句：「哈，別以為我們前面講酒精鎖跟人臉辨識好像是兩回事喔！接下來簡單介紹區塊鏈，勢必能讓同學更了解酒精鎖的原理，搞不好……還能查出柯邦異樣的原因。」

伊森打了一個冷顫「該不會教授會讀心術吧，他怎麼知道我在想什麼……啊不管了，繼續聽課吧！」

「請問教授可不可以休息十分鐘，剛剛外送員打電話來，我們的飲料到校門口了，伊森跟我要去拿。」賴嘉用渴望的眼神，興奮地問教授。

「原來剛剛上課那麼有精神就是飲料送到了，快去拿吧，記得要分我一杯。」教授開玩笑，並揮手只是讓賴嘉與伊森去拿飲料。

班上下課十分鐘，又開啟了電玩模式，不愧大家都是學資訊的，電玩都打得不錯，這時柯邦一個人默默地從後門走進教室，大家也不知道他去哪了，但看他臉這麼臭，根本沒人敢去關心他。

五分鐘後賴嘉與伊森將飲料拿了回來，很迅速的發給同學，這時他們注意到柯邦來了，伊森和賴嘉互看了一眼，雙方心裡都有了底。

大家邊喝著飲料邊打著電玩，原本想睡覺的同學又充滿了精神，一切似乎都很順利，教授也準時回來上課了。

「上課囉！」安潔教授一進教室就看到了在角落的柯邦，但她先假裝沒看到，繼續上她的區塊鏈。

「區塊鏈最近可夯著呢！區塊鏈技術是一種不依賴於第三方，透過分散式節點（Peer to Peer，P2P）來進行網路數據的存儲、交易與驗證的技術方法。本質上就是一個去中心化的資料庫，任何人在任何時間都可以依照相同的技術標準將訊息打包成區塊並串上區塊鏈，而這些被串上區塊鏈的區塊無法再被更改。區塊鏈技術主要依靠了密碼學與 HASH 來保護訊息安全，也是賦予區塊鏈技術具有高安全性、不可篡改性以及去中心化的關鍵。來，大家看看這張投影片應該會比較理解。」

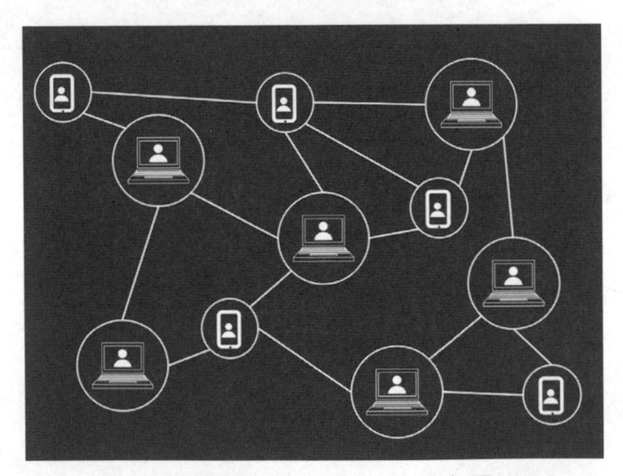

▲區塊鏈去中心化概念示意圖

「喔！就是有別於傳統的主從式架構，採用去中心化的方式嘛！」伊森舉起手說，但他的眼角餘光都在看柯邦有沒有什麼反應，果不其然，柯邦沒有任何反應，也沒有在做筆記。

「對啊，我們現在來介紹他的原理跟特性吧！」安潔教授也注意到了柯邦的情形，他和伊森對眼後，微微搖頭，示意伊森先不要有進一步的動作。

「首先，我們可以將區塊鏈想像成是一個大型公開帳本，網路上的每個節點都擁有完整的帳本備份，當產生一筆交易時，會將這筆交易廣播到各個節點，而每個節點會將未驗證的交易 HASH 值收集至區塊內。接著，每個節點進行工作量證明，選取計算最快的節點進行這些交易的驗證，完成後會把區塊廣播給到其他節點，其他節點會再度確認區塊中包含的交易是否有效，驗證過後才會接受區塊並串上區塊鏈，此時就無法再將資料進行竄改。」

講到這裡居然有人開始打瞌睡了，安潔教授發現這個主題不好懂，於是換個另外的聊法。

「再來是區塊鏈的特性喔！大致有 4 項，分別是：去中心化、不可竄改性、可追溯性、以及匿名性。首先，『去中心化』就是我們前面講的 P2P 啦！區塊鏈採用分散式的點對點傳輸，所有的操作都部署在分散式的節點中，而無須部署在中心化機構的伺服器，一筆交易或資料的傳輸不再需要第三方的介入。」安潔教授說著，並提到：「這是區塊鏈最常考，也必考的題目喔。」這時同學裡潛意識，竟也都醒來了，「必考題」對學生的誘惑可真是絕技呀。

「好端端的主從式架構不好嗎？幹嘛要用去中心化？」賴嘉說。

「好問題，因為這樣的結構也加強了區塊鏈的穩定性，不會因為其中的部分節點故障而癱瘓整個區塊鏈的結構。」

「原來如此！」賴嘉打了個響指，看起來很有收穫。

「接著第二個是『不可篡改性』，我們都知道雜湊函數可以確認完整性，如果我們將雜湊結果資料打包成區塊並上鏈時，所有區塊都有屬於它的時間戳記，並依照時間順序排序，而所有節點的帳本資料中又記錄了完整的歷史內容，讓區塊鏈難以進行更改，這樣大家懂嗎？」

大家都點點頭表示理解，於是安潔教授接著說：

「第三個是『可追溯性』，區塊鏈是一種鏈式的資料結構，鏈上的訊息區塊依照時間的順序環環相扣，這便使得區塊鏈具有可追溯的特性。」

「喔！這樣的話我們進行交易，就可以用這個特性去查紀錄欸！真是方便。」田小班說。

安潔教授補充道：「不只呢！相關應用還有供應鏈、版權保護、醫療、學歷認證等。區塊鏈就如同記帳帳本一般，每筆交易記錄著時間和訊息內容，若要進行資料的更改，則會視為一筆新的交易，且舊的紀錄仍會存在無法更動，因此仍可依照過去的交易事件進行追溯。」

「最後就是『匿名性』啦在去中心化的結構下，節點與節點之間不分主從關係，且每個節點中都擁有一本完整的帳本，因此區塊鏈系統是公開透明的。此時，個人資料與訊息內容的隱私就非常重要，區塊鏈技術運用了 HASH 運算、非對稱式加密與數位簽章等其他密碼學技術，讓節點資料在完全開放的情況下，也能保護隱私以及用戶的匿名性。」

「言歸正傳，當進行酒精鎖檢測解鎖時，系統記錄駕駛人吹氣時間以及車輛的相關資訊，還有人臉特徵資料打包成區塊並串上區塊鏈。因此，在同一時間當監控系統偵測到當前駕駛人與吹氣人不同時，此時區塊鏈中所記錄的資料便能成為一個強而有力的依據，同時也能讓其他的違規或違法事件可以更容易進行追溯。」安潔教授講完後「呼～」了一下。

「我的天哪，居然串起來了？我還以為今天講的東西都是分開的主題欸！安潔教授真是深不可測⋯⋯」伊森讚嘆在心中。

「不知道同學有沒有問題，接下來要進入比較難的部分。」教授問道。

「沒有！」同學們異口同聲的回答，一部份是對於上課的內容十分有趣，一部份是想看有沒有辦法查出柯邦的狀況。

「接下來要將區塊鏈的理論與酒精鎖做結合囉。」安潔教授這個梗鋪的夠久了，是時候展現真正的技術了。

「簡單來說，為了解決酒精鎖發生駕駛人代測的問題，酒精鎖產品應導入具有身分驗證性的人臉辨識技術。酒駕防偽人臉辨識系統即為駕駛人在進行酒精鎖解鎖時，要同時進行人臉辨識，來確保駕駛人與吹氣人為同一人。」

「哦……所以該不會……教授建的辨識系統裡面……也有大家的人臉資料吧？」伊森故意暗示安潔教授，他們有同樣的默契，要把柯邦捧上來當實驗對象。

安潔教授瞬間懂了，於是他故意問大家：「那當然啦！不試試怎麼能知道我是不是唬你們的呢？說不定我從頭到尾都在騙你們呢……哈哈哈……」

其他同學的目光頓時都轉移到柯邦身上，並開始起哄，要柯邦上去給教授做實驗。

柯邦沒有辦法拒絕同學，只能緩緩走上台，接受安潔教授的測試。

「我們首先來一組錯誤示範，先假設柯邦要開車，然後我來幫忙吹氣」安潔教授說。

「嗶……嗶……」果不其然，系統駁回了這次測試，因為這個臉不是柯邦的臉，而是安潔教授的臉。

接著安潔教授說：「好啦！那我們現在請本尊來試試看，這個結果應該要通過，並記錄到區塊鏈上才是唷……」這時安潔教授在剛剛下課時已經偷偷聯絡了警方，現在有一群警察在教室門外等著呢……

柯邦毫不猶豫的把臉對上去吹了口氣「呼～」但霎時間，又響起了系統駁回的警鈴聲「嗶……嗶……」

這時柯邦嚇壞了，他驚恐的表情已經出賣了他，而這時警察也伴隨著警鈴聲進入了教室，並迅速將講台上的柯邦壓制。

原來是易容術在技術上沒有辦法做到百分百的複製，只能讓人眼判斷上，能夠欺騙過人的眼睛，與視覺壓縮的概念相同。對於區塊鏈技術掌握細節的特徵，卻瞞不過。這時冒牌的柯邦也慌了，這時一位員警用辣椒水噴了這個假柯邦，因為過於刺痛，易容隨著淚水、汗水、還有手的亂抹，逐漸失去效力，教室內頓時充滿淒厲的慘叫，隨著慘叫聲漸漸弱下來，慢慢的，假柯邦也原形畢露了。

安潔教授看到假柯邦真正的模樣後，倒抽了一口氣，「啊……你……你是……」

沒錯，這個假柯邦就是駭客魔假扮的，艾希教授在後門默默目睹了一切，「哼……就知道是你……之前的那筆帳……可還沒跟你算清呢……」

就這樣，駭客魔被警察帶回偵訊，警方也從調查中得知原來當時使用 TOR 進行毒品交易的就是駭客魔，他假扮了打掃阿姨，藉機使用公用電腦來交易；而當時「Meta」學院的「喬安」口中的幕後主使人就是駭客魔，一切謎團似乎都解開了，而這場風波也得以平息下來。

10

CHAPTER

隱私的護城河
通訊軟體加密

「嗚嗚……柯邦……我以為你不理我了」賴嘉這天在宿舍假哭，用自以為金馬影帝的演技對柯邦說著。

「夠了沒啊？現在又是哪一齣？我不是好好的站在這裡嗎？哈哈哈！」柯邦又恢復了以前燦爛的笑容。

田小班說：「我想駭客魔一定是情報蒐集錯誤了，我們之前為了拍搞笑影片，故意把柯邦塑造的很像沈默寡言的憂鬱小生，這樣的反差才好笑。」

伊森說：「是啊，他一定是看了我們的『Instagram』或『Facebook』，以為那是柯邦真正的性格，所以這次才這麼演。」

「殊不知……嘿嘿……」柯邦還沒說完便做了一個鬼臉，逗得大家呵呵大笑。

「欸，不過學院下水道真的有夠臭的，我想睡都睡不著」原來柯邦不見的這段期間是被藏到學院的下水道，看來那段時光必定沒齒難忘了。

這次佛倫鉅鎖竟然輕易就被駭克魔闖入，安潔教授與同學們都意識到資安議題的重要性，既然已經把駭克魔抓住了，易杉校長決定學院就特別放假一天，並且提出讓學生們思考學院的資安漏洞。並且在返校後交一份關於學院資安漏洞的簡報。

安潔教授也沒有閒著，一放假就回自己的辦公室，思考資安問題，並期望研發一套系統來保護學院資料的安全性。

很快的，三天過去了，學生紛紛返校收假，而安潔教授也待在學院 3 天，做了滿滿的研究。

收假後的第一堂課，這次上課模式很不一樣，學院內的所有學生都到了學院的大禮堂，「圖靈塔」大禮堂參加研討會，安潔教授也迫不及待發表昨天熬夜研究的成果。

「歡迎大家平安的回來！經歷駭客魔事件之後，大家想必都對資訊安全有了更進一步的認識，這個世界的資訊傳遞發展趨勢，已經由傳統的實體接觸的交流，擴大成為不僅是聲音遠距離傳送，連同文字、多媒體、影音的即時傳達，變成了沒有時空限制的全方位通訊環境。歸功於社群軟體與即時通訊的發展，人與人之間聯繫不再受限於地點、國界甚至於時間，就如同將整個世界都拉在一起，隨時隨地都能與遠方的朋友分享周遭的人事物，抑或是情感的交流⋯⋯」安潔教授發表了自己的高見。

伊森在柯邦耳邊說道：「安潔教授該不會又進入那個模式了吧⋯⋯」

「蛤⋯⋯什麼模式？」柯邦滿臉疑惑。

「喔，對吼！你那時候在下水道，沒有見識到安潔教授那時候活在自己世界自得其樂的樣子」伊森調侃道。

「然而，在數量愈來愈龐大的人們依賴著這些軟體，背後所透露的風險危機令人不寒而慄。由於過於依賴及習慣，人們總是不經意地將自己的私事放在社群軟體上。這些私事在某些人看來，可能覺得無所謂，然而對於有心人士，或與當事人有利益糾葛的關係人而言，這些訊息的揭露卻可能造成受害人的人生或事業上重大危機。若將利益層級再往上看，如果公司內部員工透過這些軟體談論工作上的事務，甚至是公司機密；或者政府公部門的人員在這些軟體上大談闊論國家政策或是敏感議題，受影響的不僅是個人隱私，連同國家安全都是十分危殆的……」

伊森打了個哈欠，看了看手錶說：「她真的很厲害欸，居然已經講了 15 分鐘，講到周公都要來找我下棋了……」

賴嘉這時睜開了惺忪的睡眼，並說：「個人隱私……咦……那不就交幾個女朋友都會被公諸於世了嗎？」

「你醒了喔，這位渣男」柯邦調侃賴嘉。

「我哪有渣！我很專情的好嗎……你怎麼闖過下水道之後嘴就這麼臭了？」賴嘉反將一軍。

伊森也被逗笑了，瞌睡蟲瞬間跑光光。

安潔教授演講開頭已經催眠了一半的人，另一半的人估計不是在想男女朋友就是在想遊戲。

「睡覺的起來了，我的老天鵝啊……現在連周公跟邱比特都在跟我搶學生，哼哼……接下來要講的是我期末考要考的，就考一題，一題 100 分！」聽完安潔教授這番話後，大家好像被雷電到一樣，個個突然都精神抖擻。

「我以現在流行的社群軟體舉例，網頁開發的軟體，都會使用 TLS 或 SSL 的加密機制避免有心人士擷取網路上的封包。而像是 LINE 也宣稱提供了點對點的加密機制，也就是 "End-to-End Encryption"，每個用戶都有自己專屬的加密金鑰，官方稱之為 "Letter Sealing"，中文是『信件資訊密封保護』，就算在群組中也有這項保護裝置。若有惡意人士要從網路或其他通訊方式攔截訊息，得到的恐怕也只是一堆亂碼式的密文，可以防止聊天的訊息被惡意揭露。」安潔教授很有條理的舉出現今大家都在使用的社群軟體當例子。

「然而，令人擔心的是，通常這些知名的通訊軟體都由國外公司開發，其相關儲存設備及伺服器通常也由國外的這些公司所控制。我們將某些重大機密在這些平台上流通，能不擔心儲存安全的問題嗎？」安潔教授表情急速轉變，同學們馬上嗅出這裡就是教授強調的重點。

「我在這邊舉出幾個淺顯易懂的例子讓同學做參考，以免同學又以為我在唬爛。」安潔教授正經八百的看著同學。

伊森突然打了個寒顫，感覺好像被放了冷箭。

「手機 LINE 對話資料被截圖的事件屢見不鮮。例如，有學生在 LINE 群組上的情緒性對話內容，被同學或導師截圖公開，造成當事人極大困擾。此外，也有因使用 LINE 對話傳錯群組發生之洩密問題，如 2017 年新聞報導提到有執法人員本欲傳送在偵辦擄人勒贖案件的進度給合作處理之同事，但卻不小心傳送至討論年金改革的群組之中，造成不小的紛擾。」

「對於 LINE 或 Facebook 公司自身的信賴度，近幾年來也頻遭質疑。根據 2018 年的報導，LINE 公司更改「隱私權政策」並要求使用者同意才能繼續使用。雖然 LINE 公司也宣稱在點對點加密機制下，LINE 公司也無法看到對話內容，而且隱私權仍可在設定『提供使用資料』中取消同意，但這已經造成使用者的不信賴感。」

LINE 隱私權政策

隱私權政策更新通知

本公司，LINE Corporation（下稱「LINE」、「本公司」或「我們」），認為保護用戶隱私權至關重要。我們因此就本公司隱私權政策（下稱「本隱私權政策」）進行變更，以說明我們處理個人資料的做法，並持續向用戶提供優質服務。

主要變更如下：
■自2018年7月2日起，本公司將僅使用用戶於「關於台端資訊的使用」中授予同意的資訊。目標資訊的概述如下（若欲了解更多詳情，請點選此網頁）：
•張貼或傳輸至官方帳號的文字、影像、影片（內容）等；以及
•內容寄送的對象、日期/時間、資料格式、連接網址資訊等。

本公司只會在取得用戶同意後，使用上述資訊。您可隨時至LINE的「設定」>「隱私設定」頁面變更是否授予同意。

▲ LINE 的隱私權政策（手機截圖）

「此外，根據 2019 年自由時報的報導，Facebook 公司也承認曾經為了確認自動轉錄語音的正確性，進行將旗下的通訊軟體 Messenger 中的語音通話內容轉成文字以作為審查。雖然官方也宣稱後來即停止該項工作，但仍舊引起不小的波瀾與擔憂。更何況 Facebook 持續被爆出漏洞問題，最近在 2019 年所爆發的資安問題，導致超過 4 億用戶的電話號碼個資因而洩漏，事已至此，還能不小心謹慎使用這些軟體嗎？」

臉書遭揭露付費給外包廠商，把使用者在臉書通訊軟體Messenger中的語音通話內容轉成文字。（資料照，美聯社）

〔財經頻道／綜合報導〕繼亞馬遜、蘋果及Google之後，臉書也遭揭露，付費給外包廠商，把使用者在臉書通訊軟體Messenger中的語音通話內容轉成文字；臉書坦承確實有這件事，但表示已經停止相關工作。

臉書Messenger從2015年開始，提供1項功能可將語音片段轉成文字，但此功能在一般情況下是關閉的；彭博報導，消息來源指出，臉書雇用數百名外包人員審查和轉錄使用者的語音訊息內容。

▲ Facebook 旗下 Messenger 軟體爆出可能的安全疑慮
（資料來源：自由時報 https://ec.ltn.com.tw/article/breakingnews/2883829）

此時班上譁然一片，有的人看著自己的手機，有的人和隔壁同學互相討論，感覺危險隨時會發生在自己身上。

「總而言之，言而總之，就是目前有沒有軟體能夠完全保護我們的通訊安全。」安潔教授說完後，賴嘉露出惶恐的表情，深怕自己的秘密已經被偷走。

「我昨天晚上進行了實驗，雖然沒辦法直接套用，但是已經有基本雛型，我用幾分鐘來介紹一下昨天晚上研究的成果。」

同學們也知道安潔教授最喜歡考那種自己做的實驗，因為網路上都查不到，這樣比較好測驗同學有沒有認真聽課，所以大家都全神貫注。

「我們自行以外加的方式將傳入即時通訊軟體的資料進行加密，使得資料在進入這些軟體的資料庫前便以自己產生的密鑰加密，整個系統搭配以 Facebook Messenger 為主，並以良好的配合性讓用戶可以一方面使用自己偏好的通訊軟體，也能在運用時多了一份安心與放心。屏幕上這張圖是實驗系統的簡圖，該系統屬實驗性質，說明安全架構之建立方式。」

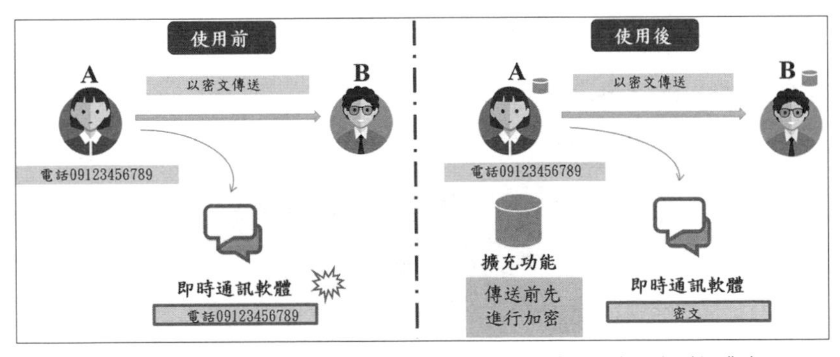

▲ 實驗之圖示——使用外加保護的方式在即時通訊軟體上

「請問教授能更詳細的介紹嗎，有點概念了，但是還是有點不懂。」認真的伊森實事求是。

「果然是認真的伊森同學，我就更詳細的說明其中的精髓。」安潔教授說道。

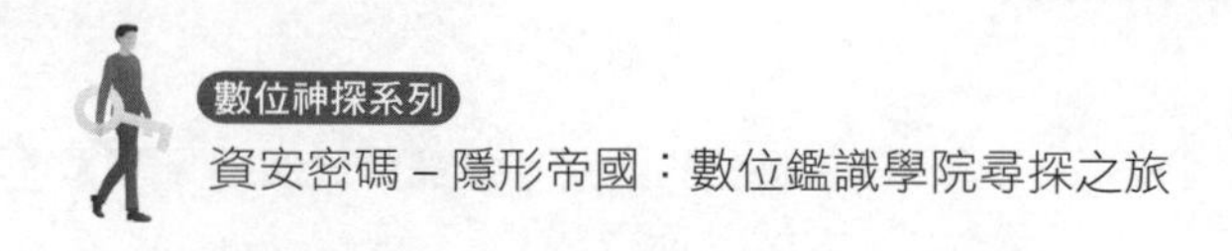

「我們針對所進行實驗性質的 Facebook Messenger 延伸安全組件架構，分成以下三部分做說明，來，麻煩大家把這份文件傳下去給在座的同學們。」

一、通訊資訊的加密

在資料通訊前，即可針對通訊的雙方製造專屬的協議密鑰。實驗進行採用快速且安全的橢圓曲線密碼學（ECC）模式來配置通訊雙方的加密鑰匙，而加密方式採用美國國家標準局之國際進階加密標準，也就是常聽的 AES 來進行加密。因此，就算系統伺服器有意擷取通訊對話，也無法成功破解。開發的方式以網頁瀏覽器之擴充功能套件主要使用者介面。

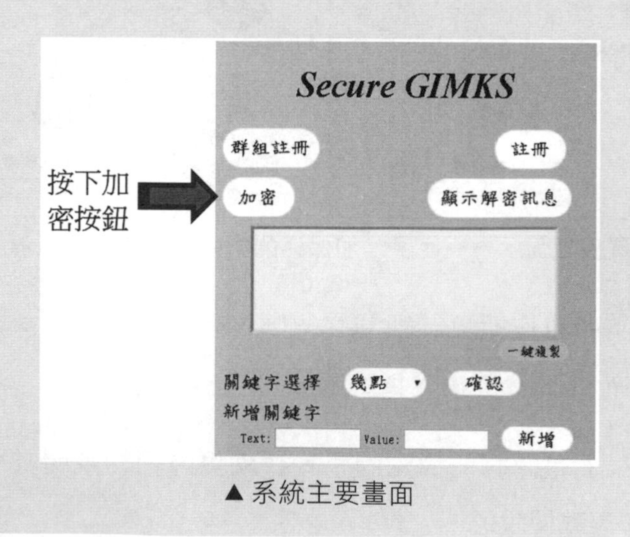

▲系統主要畫面

當使用者按下主畫面中的加密按鈕後，即可於網頁版的 Facebook Messenger 中鍵入所欲傳送之文字，該文字即經加密後傳送出去，可以在 Messenger 中看到密文的情況。資料傳輸時是否加密，可由上述〔加密〕按鈕決定。

▲資料輸入以及密文之顯示情況

關於此實驗系統的幾個優勢如下：

1. 在原來的 Facebook 即時通訊軟體下有自己的通訊及資料儲存之保護方式，本方案可說是疊加的資料保護措施，多加了一個用戶可以控制的密鑰配置方案。

2. 可能常有許多的好友會在一起使用電腦，或是不小心開啟網頁被朋友看到聊天的畫面，在尚未被解密之前，使用此套件所呈現的都是密文狀態，可避免朋友間的尷尬。

當要解密時，可利用主畫面視窗，或是在密文上面按下滑鼠右鍵，然後選擇快速選單中的【解密】。

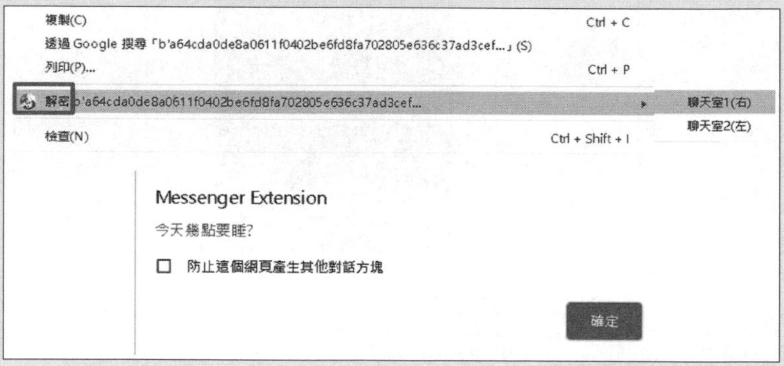

複製(C) Ctrl + C
透過 Google 搜尋「b'a64cda0de8a0611f0402be6fd8fa702805e636c37ad3cef...」(S)
列印(P)... Ctrl + P
解密 b'a64cda0de8a0611f0402be6fd8fa702805e636c37ad3cef... 聊天室1(右)
聊天室2(左)
檢查(N) Ctrl + Shift + I

Messenger Extension
今天幾點要睡?
防止這個網頁產生其他對話方塊
確定

▲解密時，可按下滑鼠右鍵並點選【解密】，即可還原對話資訊

二、密文關鍵字搜尋

在資料加密的情況下，如何能快速找到自己過去曾送出或接收的對話呢？一個比較簡易可行的方式是在加密時即設定好對話的關鍵字，以便於將來搜尋時可以快速找到該對話資料。本實驗系統操作搜尋方式，說明如下：

首先，選擇想要搜尋的關鍵字（下拉式選單，可以新增及修改），然後產生該關鍵字的密文訊息。接著複製該密文字串，在 Facebook Messenger 裡進行搜尋。

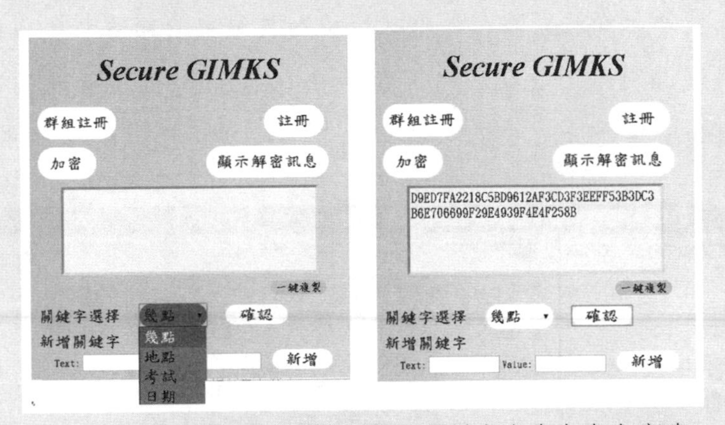

▲圖左為選擇關鍵字，圖右為該關鍵字產生之密文字串

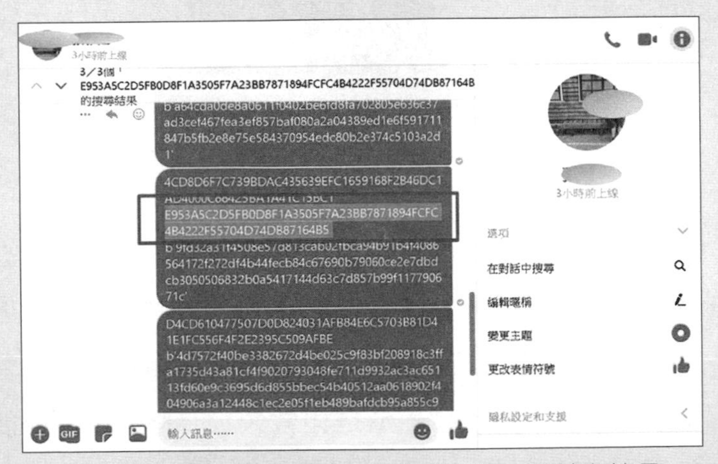

▲在 Facebook Messenger 裡進行密文關鍵字搜尋

三、群組加密功能

系統也提供了群組加密的功能。群組管理員（發起者）進行群組註冊後，所有的群組成員便能夠共享相同一把密鑰，如此可防止群組以外的人員竊取對話資料，或截圖洩漏對話的資訊。以下顯示在 Facebook 大畫面時的群組加密傳送情況。

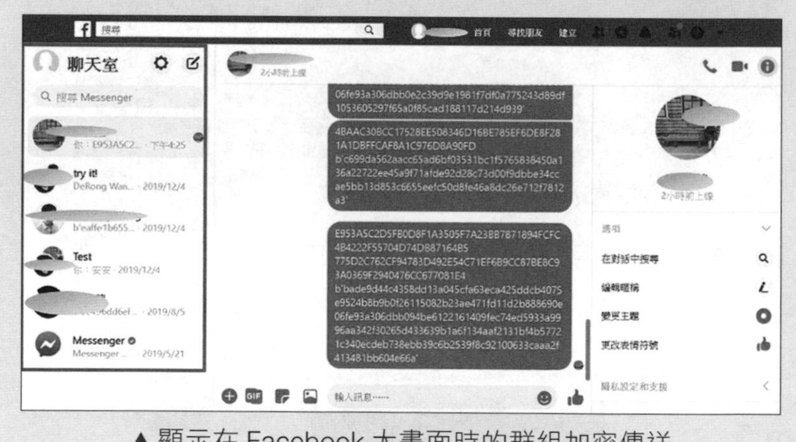

▲顯示在 Facebook 大畫面時的群組加密傳送

同學們在台下都看的很認真，甚至有同學已經拿起自己的筆電進行操作，安潔教授接著說：「這套系統仍然有許多缺失，最大的缺點就是，需要在每一次傳訊息與接受訊息皆需進行手動加解密，其不便性還是相當大，有興趣的同學能夠加入我的的團隊，得一起研究，研發出更符合人性的軟體。」安潔教授在上課同時，也趁機招募同學。

「欸要不要找賴嘉一起去，感覺他很有興趣。」柯邦對著伊森講。

「你們去就好，聽說研究過程很辛苦，我可承受不住，雖然很想跟你們一起。」伊森對這方面較不感興趣，因此找個理由敷衍。

「咳咳……反正……呃……沒進來是你們的損失喔！」安潔教授輕鬆的說著，語氣帶有一點孩子氣。

看到安潔教授的模樣，台下又響起了一片笑聲，於是繼續了前面的話題「那……那我們來談談社群傳訊軟體的危機與轉機好了！」

「社群傳訊軟體已是人們生活中不可或缺的一項工具，你們大家在用的一般桌上型電腦、筆記型電腦、平板電腦，甚至於手機都可看到他的身影。但凡事有利就有弊嘛，一項方便的軟體帶來了生活型態的改變，也帶來了訊息快速流通之便利，更有大數據分析的商機。然而，這背後所潛藏的惡意威脅也隨之而興起。」安潔教授侃侃而談的說著。

「唉，果然漂亮的玫瑰都帶刺……」賴嘉突然又開始飆演技，深情款款的望著「圖靈塔」外，露出了若有所思的表情。

「什麼嘛，你該不會在感嘆你之前追人失敗的經歷吧……噗……」這次換伊森虧賴嘉。

「屁啦，我才是那個玫瑰好嗎？」賴嘉很臭屁的說。

「你這傢伙本事不大，口氣倒不小，喔不……還是說……誰給你了這樣的錯覺？」伊森再度損了賴嘉。

「賴嘉！」安潔教授拿著麥克風叫住賴嘉的名字。

賴嘉頓時乖的像一隻小貓一樣，坐姿挺拔，手還作勢要抄筆記。

「你說說可能的威脅有什麼」安潔教授發現了不專心的賴嘉，所以找機會「噹」他一下。

「像是隱私權啊，要擔心對話內容資料是否會曝光？保護隱私安全的設定是否正確，這些都會影響對話內容的保護。」賴嘉不疾不徐的說。

「切……算你幸運……好啦，專心一點啦！」安潔教授說。

伊森和柯邦還有田小班在旁邊竊笑著。

「好啦，拉回來這邊，其他隱憂還有像帳戶安全，帳戶有被竊用的風險。使用電腦與手機帳戶資訊同步，或借用第三方軟體的資訊登入帳戶時，其安全性更應該要特別重視。另外『資訊內容及連結的安全問題』也要注意，對於通話資料上的一些連結訊息，或是檔案資料，必須要再三確認其安全性，避免惡意連結。未留意的結果可能使得隱私曝光，或是手機、電腦等被植入木馬及後門的危險。」

安潔教授停下來喝了口水，並接續說道：「另外也要留意『傳輸訊息或資料的隱密性風險』避免在社群之通訊軟體上面傳輸個人、公司，甚至於工作或公務相關的訊息或檔案。必要時須採用安全且能由用戶掌握之密鑰及加密方式進行處理後，再傳輸至即時通訊軟體之中。」

伊森這時發問了：「那請問教授該如何化解呢？」

「大家日常之中可以加強的資安意識，包含了解加密與解密的安全意涵、理解密鑰之安全與保護，並能獲知國際標準的安全加密方式，且熟知帳號安全與通行密碼的機制，了解如何維護帳戶之安全性，並具備隱私安全、認證安全、通訊加密、資料儲存加密以及資料放置雲端之安全意識。」安潔教授隨即列舉了一些措施。

安潔教授說完後剛好打鐘。

「同學們對於上課內容有沒有問題？」安潔教授問道。

台下雖然一片靜默，但也藏不住同學們蠢蠢欲動，想要離開的騷動，安潔教授於是說：「好啦，今天到這邊，也跟大家宣佈一個訊息，艾希教授準備要退休了，大家偷偷的可以準備一個歡送會喔～沒問題的話今天就到這邊。」

「謝謝教授。」台下同學整齊的說道。

「喔不……我才進來佛倫鉅鎖沒多久，沒想到服務年滿30年的艾希教授就要退休了……」伊森很惋惜的說道。

「不如我們這禮拜籌備一個晚宴，好好的歡送艾希教授吧！」柯邦提議。

「欸賴嘉，你那麼愛演戲，不然給你一段一人分飾多角的節目如何？」田小班調侃著。

「那是因為跟你們熟我才本性大開好嗎……我才不想讓不認識我的人覺得我有多重人格咧！」賴嘉說。

伊森四人於是有說有笑的回到了宿舍，大家的情緒都很複雜，畢竟艾希教授要退休了，大家都很捨不得。

回到宿舍後，伊森這時發現了床上有一封信，他放下背包後趕緊拿起來看，發現上面蓋著「ICCL」的印章。

「欸！那是什麼！」柯邦說道。

伊森緩緩的打開信封，發現裡面放著一張手寫信。

親愛的伊森，我是艾希教授，今天剛好是我在「Secforensics」學院服務滿 30 年的日子，回想教學生涯 30 年，你是 top 的呢，也幸虧你生在這個資訊發達的年代，有了很多的學習機會。

你是一個很認真的學生，但有時候要學會放鬆喔！凡事以中庸之道就好了，要對自己有自信，其實你已經很優秀了。我有時候口氣有點不耐煩，但我還是很喜歡你這個學生的，總之，資訊之路漫漫，有問題歡迎你再來「煩」我啦！不然我退休也是很無聊的。

伊森這個理工男孩被深深的感動了，這時柯邦跟賴嘉、田小班也在旁邊一起看著信。

「我……我去廁所一下」伊森語氣低沈的說。

「欸！柯邦不要拿走啦！我也要看！」在伊森去廁所後他們三個搶著看艾希教授給伊森的信。

「欸不公平，為什麼教授只寫給伊森！」柯邦說。

「你跟他差多少你心裡沒點數嗎？天天打電動，教授講什麼你也毫不吝嗇的還給教授，還虧你講得出這種話」賴嘉虧柯邦。

門外三人繼續吵雜，伊森走進廁所默默地關上了門並蹲在地板上，他的眼淚不自主地流了下來，他心中百感交集，滿腦子都是和艾希教授在佛倫鉅鎖校園畫面，「教授……謝謝你……謝謝……」伊森不斷用氣音重複著這些話，他也下定決心要成為像艾希教授一樣厲害，並且像教授一樣會很多鑑識的「魔法」，他知道資訊領域非常的廣，也知道要下多少功夫，但艾希教授給他的鼓勵已經足以讓他有這份衝勁和熱忱了。

伊森站了起來，到洗手台抹乾淚水，並洗去淚痕，他告訴鏡子裡的自己：「我一定可以的。」在整理好情緒之後，他走出門外去找柯邦他們。

「欸！要不要叫外賣，我快餓瘋了。」田小班說。

「好啊，今天要吃一波大的！」伊森興奮的說道。

「那我們就邊吃邊討論艾希教授的歡送會吧！」柯邦說。

就這樣，伊森一行人紮根在了佛倫鉅鎖，這裡是他們資訊生涯的起點，他們遇到了啟蒙恩師和知心益友，或許旅途坎坷，但他們一定會排除萬難，帶著艾希教授的期許繼續前進的。

博碩文化

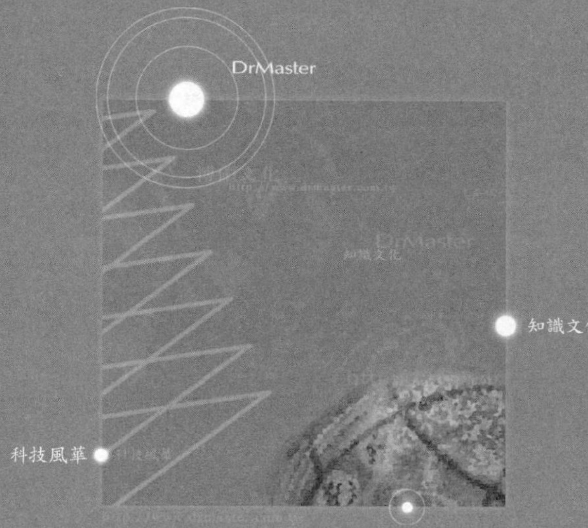
DrMaster
知識文化
科技風華
深度學習資訊新領域